上海市工程建设规范

外墙外保温系统修复技术标准

Technical standard for exterior insulation system maintenance

DG/TJ 08－2310－2019
J 15009－2020

主编单位：上海市建筑科学研究院有限公司
批准部门：上海市住房和城乡建设管理委员会
施行日期：2020 年 5 月 1 日

同济大学出版社

2020　上海

图书在版编目(CIP)数据

外墙外保温系统修复技术标准/上海市建筑科学研究院有限公司主编. --上海:同济大学出版社,2020.6（2024.3重印）

ISBN 978-7-5608-8974-0

Ⅰ. ①外… Ⅱ. ①上… Ⅲ. ①建筑物－外墙－保温工程－修复－技术标准－上海 Ⅳ. ①TU111.4-65

中国版本图书馆 CIP 数据核字(2020)第 050216 号

外墙外保温系统修复技术标准

上海市建筑科学研究院有限公司　主编

策划编辑　张平官

责任编辑　朱　勇

责任校对　徐春莲

封面设计　陈益平

出版发行　同济大学出版社　　www.tongjipress.com.cn

（地址:上海市四平路 1239 号　邮编:200092　电话:021－65985622）

经　　销　全国各地新华书店

印　　刷　浦江求真印务有限公司

开　　本　889mm×1194mm　1/32

印　　张　2.875

字　　数　77000

版　　次　2020 年 6 月第 1 版

印　　次　2024 年 3 月第 4 次印刷

书　　号　ISBN 978-7-5608-8974-0

定　　价　25.00 元

上海市住房和城乡建设管理委员会文件

沪建标定〔2019〕851 号

上海市住房和城乡建设管理委员会
关于批准《外墙外保温系统修复技术标准》为
上海市工程建设规范的通知

各有关单位：

由上海市建筑科学研究院有限公司主编的《外墙外保温系统修复技术标准》，经我委审核，现批准为上海市工程建设规范，统一编号 DG/TJ 08－2310－2019，自 2020 年 5 月 1 日起实施。

本规范由上海市住房和城乡建设管理委员会负责管理，上海市建筑科学研究院有限公司负责解释。

特此通知。

上海市住房和城乡建设管理委员会

二〇一九年十二月二十三日

前　言

根据上海市城乡建设和交通委员会《关于印发〈2010年上海市工程建设规范和标准设计编制计划(第二批)〉的通知》(沪建交〔2010〕731号)要求,由上海市建筑科学研究院有限公司会同有关单位对《外墙外保温系统修复技术标准》进行编制。

本标准的主要内容有:总则;术语;基本规定;检测与评估;材料与系统要求;设计;施工;验收;附录A和附录B。

各单位及相关人员在执行本标准过程中,如有意见和建议,请反馈至上海市建筑科学研究院有限公司(地址:上海市宛平南路75号;邮编:200032),或上海市建筑建材业市场管理总站(地址:上海市小木桥路683号;邮编:200032;E-mail:bzglk@zjw.sh.gov.cn),以供今后修订时参考。

主 编 单 位:上海市建筑科学研究院有限公司

参 编 单 位:上海市浦东新区建设工程安全质量监督站
上海市嘉定区建设工程招投标事务中心
上海市宝山区建设工程安全质量监督站
上海市松江区建筑建材业管理中心
上海市建筑材料行业协会
上海圣奎塑业有限公司
上海天补材料科技有限公司
上海松彬建材有限公司连云港分公司
上海振纯新型建材有限公司
华砂砂浆有限责任公司
上海永千节能保温材料有限公司
上海曹杨建筑粘合剂厂

上海静安建筑装饰实业股份有限公司

主要起草人：王　琼　王君若　叶蓓红　陈　宁　王　娟
樊　钧　赵立群　余晓红　杨　勇　白燕峰
吴晓宇　洪　辉　康元鸣　王　雄　张　伟
朱贤豪　邱晓锋　张弥宽　於林锋　司家宁
王吉霖　杨生凤　刘丙强　邵明松　孙仁华
顾建华　严兴李　陆　地　顾雪峰

主要审查人：王宝海　周海波　沈孝庭　林丽智　苑　麒
古小英　孙飞鹏

上海市建筑建材业市场管理总站
2019 年 9 月

目　次

Contents

1 总 则

1.0.1 为规范本市建筑外墙外保温系统的修复，有效治理外墙外保温系统的质量缺陷，制定本标准。建筑外墙外保温系统修复应安全可靠、节能环保、经济合理、美观适用。

1.0.2 本标准适用于民用建筑外墙饰面材料为涂料、面砖的保温板材类、保温砂浆类和现场喷涂类的外墙外保温薄抹灰系统的修复。

1.0.3 建筑外墙外保温系统的修复工程除应符合本标准外，尚应符合国家、行业和本市现行有关标准的规定。

2 术 语

2.0.1 外墙外保温系统修复 existing external thermal insulation system repair

通过建筑外墙外保温系统的检测与评估，对建筑外墙外保温系统采取一定措施，治理其质量缺陷，恢复原有功能，符合安全要求的活动。建筑外墙外保温系统修复可分为整体修复和局部修复。

2.0.2 整体修复 integral repair

对建筑整个立面采取一定措施，治理其质量缺陷，恢复其原有功能的活动，包括整体置换修复、整体表层置换修复、整体薄层原位修复和整体厚层原位修复。

2.0.3 整体置换修复 integral replacement repair

将整个立面的外保温系统全部清除并进行置换的活动。

2.0.4 整体表层置换修复 integral surface replacement repair

将整个立面的外保温系统的防护层全部清除并进行置换的活动。

2.0.5 整体薄层原位修复 integral thin layer in-situ repair

不铲除或极少量铲除原系统，对损坏的部位采取加钉锚固、注浆措施，对整个立面采用专用复合材料覆盖饰面翻新、总施工厚度不大于 3mm 的活动，包括透明和非透明系统。

2.0.6 整体厚层原位修复 integral thick layer in-situ repair

不铲除原系统保温层，对整个立面用隔热膨胀螺栓与复合热镀锌钢丝网通过紧固组合成整体支撑受力构件，用普通抗裂干混砂浆覆盖、抹灰层厚度 15mm～20mm 的活动，一般用于整体修复。

2.0.7 局部修复 partial repair

对建筑整个立面局部区域的外保温系统采取一定措施，恢复其原有功能的活动，包括局部表层置换修复、局部置换修复和局部薄层原位修复。

2.0.8 毡胶复合层 felt compound layer

由抗裂毡、毡胶经施工复合而成的防水、抗裂系统，用于涂料饰面的外保温系统修复。

2.0.9 透明网胶复合层 transparent mesh adhesive layer

由柔韧抗裂网、透明网胶经施工复合而成的防水、抗裂系统，其用于面砖饰面的外保温系统修复。

2.0.10 薄层原位修复专用锚栓 special anchor bolt of thin layer in-situ repair

薄层原位修复专用锚栓是指由不锈钢材质制成的锚栓，按构造分为空心锚栓、实心锚栓。

2.0.11 钻孔注浆 drilling grouting

采用无尘无扰动钻孔工具在空鼓墙面钻孔至空鼓层，将改性聚合物注浆胶直接注入孔中，用于增强空鼓部位粘结力的工法。

2.0.12 钉锚注浆 anchor grouting

采用无尘无扰动钻孔工具在需加固的墙面钻孔，安装空心的专用锚栓，再将注浆胶低压注入空心锚栓中，增强空心专用锚栓与墙面拉拔力的工法。

2.0.13 钉锚植筋 anchored anchor bars

采用无尘无扰动钻孔工具在需加固的墙面钻孔，将注浆胶直接注入孔中，再安装实心锚栓，增强实心专用锚栓与墙面拉拔力的工法。

2.0.14 隔热膨胀螺栓 insulation expansion bolt

由金属螺杆、金属膨胀管与隔热高强度复合材料螺套组成，植入紧固后整个装置长度稳定不变的锚固、支承受力构件。

3 基本规定

3.0.1 建筑外墙外保温系统修复前，应对外墙外保温系统进行检测、评估，确定外墙外保温系统缺陷部位、缺陷类型和缺陷程度，并应进行原因分析，提出修复建议，出具评估报告。

3.0.2 当建筑单侧立面修复面积合计达到 $50m^2$ 及以上时，应制定修复设计方案、专项施工方案；当修复面积合计为 $50m^2$ 以下时，应在评估报告中明确修复技术和施工要点。

3.0.3 建筑外墙外保温系统修复工程所用材料性能应符合国家、行业及地方现行有关标准的规定，置换用保温材料燃烧等级应为 A 级。

3.0.4 建筑外墙外保温系统修复工程应有可靠的安全和消防措施。

3.0.5 修复后外墙外保温系统的安全性能应符合国家和本市现行有关标准的规定。

3.0.6 整体置换修复后外墙外保温系统的热工性能不应低于原设计要求。

4 检测与评估

4.1 一般规定

4.1.1 外墙外保温系统的评估单元为建筑物单侧立面。

4.1.2 外墙外保温系统的现场检查与检测应按国家和本市现行有关标准的规定执行。

4.2 资料收集

4.2.1 资料收集宜包括下列主要内容：

1 项目概况，包括规模、建筑结构形式、外保温基层墙体材料、外墙外保温构造等。

2 建筑原设计文件，包括设计变更资料。

3 节能设计文件和节能备案或档案资料。

4 建筑外墙外保温系统及其组成材料的性能检测报告、节能隐蔽工程记录及施工方案、施工时间、施工期间环境条件、施工记录、施工质量验收报告等施工技术资料。

5 材料的生产厂家或供应商信息、施工单位信息。

6 建筑外墙外保温系统历次维修记录、物业报修记录。

7 采用的相关标准。

4.3 现场检查与检测

4.3.1 现场检查与检测前应制定技术方案，宜包括下列主要内容：

1 项目概况。

2 编制依据。

3 现场检查与现场检测的内容。

4 现场检查与现场检测的方法、设备。

5 现场检测进度安排。

6 现场安全措施。

4.3.2 现场检查包括建筑外墙外观质量、系统构造和缺陷，应符合下列规定：

1 建筑外墙外观质量宜采用无人机搭载高清摄像仪或红外热成像仪检查外墙面的裂缝、空鼓、渗水、脱落等质量缺陷。

2 外墙保温系统构造、缺陷检查宜采用红外热成像仪、探地雷达、相控阵超声等技术。

3 外墙外保温系统构造检查时，应包括下列内容：

1）保温层附着的基层及其表面处理；

2）保温系统构造层次以及施工质量；

3）阴阳角、门窗洞口、女儿墙、变形缝等节点部位的构造做法。

4 必要时应对外保温系统进行局部破坏取样分析。

5 外保温系统缺陷检查时，应记录缺陷部位、类型、面积和程度，可采用文字、照片、视频等方法。

4.3.3 外墙外保温系统的检测应符合下列规定：

1 外墙外保温系统根据需要可进行系统缺陷、系统粘结强度、材料性能等检测。

2 外墙外保温系统缺陷、空鼓面积现场检测时，采用红外热成像应按现行国家标准《红外热像法检测建设工程现场通用技术要求》GB/T 29183 的规定进行。

3 外墙外保温系统各层材料之间的粘结强度现场检测，应按行业标准《外墙外保温工程技术标准》JGJ 144－2019 附录 C的规定进行。

4 外保温系统与基层墙体之间机械锚固力现场检测，应按现行上海市工程建设规范《建筑围护结构节能现场检测技术标准》DG/TJ 08－2038 的规定进行。

5 无机保温砂浆的抗压强度检测，宜按本标准附录 A 的规定进行。

6 建筑外墙保温材料厚度、构造做法检测，应按现行上海市工程建设规范《建筑围护结构节能现场检测技术标准》DG/TJ 08－2038的规定进行。

7 建筑外墙面砖的粘结强度检测，应按现行行业标准《建筑工程面砖粘结强度检验标准》JGJ 110 的规定进行。

8 采用接触式检测或有损检测时，建筑每个立面的检测数量不少于 1 组，每组不少于 3 处。

4.3.4 如现场条件允许，宜进行建筑外墙传热系数检验，试验方法按照现行行业标准《居住建筑节能检测标准》JGJ/T 132 进行。

4.4 评 估

4.4.1 当采用无人机搭载红外热像仪检测外墙外保温系统的热工缺陷时，结果评估可按现行行业标准《居住建筑节能检测标准》JGJ/T 132 执行，并宜与目测、敲击法或探地雷达法、相控阵超声法等组合进行，在图像上标记缺陷位置。

4.4.2 外墙外保温系统的空鼓面积比的计算可按现行行业标准《建筑外墙外保温系统修缮标准》JGJ 376 的规定方法进行。

4.4.3 外墙外保温系统检测评估报告应根据初步踏勘、现场检查与现场检测的结果进行编制，并应包括下列主要内容：

1 委托单位、检测和检查时间。

2 检测目的、范围、主要内容、依据。

3 外墙外保温系统的设计、施工、使用等基本情况。

4 现场检测的主要部位、取样数量、数据结果、破坏状态和诊断分析等。

5 评估结论与处理建议。

4.4.4 外墙外保温系统质量技术状况、单项材料（包括饰面材料、护面材料、保温材料和粘结锚固材料）质量技术状况的评估方法及等级划分宜按本标准附录B的规定进行。

4.4.5 当保温砂浆类外墙外保温系统空鼓面积比不大于15%且单项材料质量技术状况评级为C级及以上时，外墙外保温系统各立面的评估后修复措施应符合下列规定：

1 外墙外保温系统立面评级为A级，可对建筑外墙外保温系统不作处理。

2 外墙外保温系统立面评级为B级，可对建筑外墙外保温系统进行局部修复。

3 外墙外保温系统立面评级为C级，可对建筑外墙外保温系统进行整体原位修复或局部修复。

4.4.6 当保温砂浆类外墙外保温系统空鼓面积比大于15%或外墙外保温系统立面评级为D级，应采取整体修复。

4.4.7 当保温材料质量技术状况评定为D级时，应采取整体置换修复；当饰面、护面材料质量技术状况评定为D级时，应采取整体表层置换修复或整体厚层原位修复；当粘结锚固质量技术状况评定为D级时，可采取锚固、注浆等加固措施。

5 材料与系统要求

5.1 置换修复用材料与系统

5.1.1 界面处理剂的性能应符合表 5.1.1 的规定。

表 5.1.1 界面处理剂的性能

<table>
<tr><th colspan="3">项目</th><th>指标</th><th>试验方法</th></tr>
<tr><td rowspan="5">拉伸粘接强度
(MPa)</td><td colspan="2">未处理</td><td>≥0.60</td><td rowspan="5">JC/T 907</td></tr>
<tr><td rowspan="4">处理后</td><td>浸水</td><td rowspan="4">≥0.50</td></tr>
<tr><td>耐热</td></tr>
<tr><td>冻融循环</td></tr>
<tr><td>耐碱</td></tr>
</table>

注:改造用界面处理剂包括干粉类和液体类。

5.1.2 修复用保温材料防火等级应为 A 级,其性能指标应符合相关标准的规定。

5.1.3 玻璃纤维网布(简称玻纤网)的性能应符合表 5.1.3 的规定。

表 5.1.3 玻纤网主要性能指标

项目	性能指标	试验方法
单位面积质量(g/m^2)	≥130	JC/T 841
耐碱断裂强力(经向、纬向)(N/50mm)	≥750	
耐碱断裂强力保留率(经向、纬向)(%)	≥50	
断裂伸长率(经向、纬向)(%)	≤5.0	

5.1.4 修复用普通锚栓的性能应符合表 5.1.4 的规定。

表 5.1.4　普通锚栓的性能

项目		指标	试验方法
单个锚栓抗拉承载力标准值(kN)	普通混凝土基墙	≥0.60	JG/T 366
	实心砌体基墙	≥0.50	
	多孔砖砌体基墙	≥0.40	
	空心砌块或蒸压加气混凝土基墙	≥0.20	
单个锚栓圆盘强度标准值(kN)		≥0.50	

5.1.5　其他修复材料与系统应符合国家和本市现行有关标准的规定。

5.2　薄层原位修复用材料与系统

5.2.1　薄层原位修复用聚合物注浆胶、注浆胶的性能应符合表5.2.1-1和表5.2.1-2的规定。

表 5.2.1-1　聚合物注浆胶的性能

项目		技术指标		试验方法
		Ⅰ	Ⅱ	
流动度(mm)		≥250		GB/T 50448
泌水率(%)		<0.3	—	GB/T 50080
干燥收缩率(%)		≤0.3		JGJ/T 70
粘结强度(与水泥砂浆块)(MPa)	标准状态	≥0.70		GB/T 29006
	浸水48h,干燥2h	≥0.60		
	浸水48h,干燥7d	≥0.60		
粘结强度(与EPS板)(MPa)	标准状态	—	≥0.10	
	浸水48h,干燥2h		≥0.10	
	浸水48h,干燥7d		≥0.10	
剪切粘结强度(MPa)		≥1.0		JC/T 547

注:Ⅱ型聚合物注浆胶用于点框式粘贴的外保温系统注浆;Ⅰ型用于其他外保温系统注浆。

表 5.2.1-2 注浆胶的性能

项目		技术指标						试验方法
		硬质			软质			
		Ⅰ	Ⅱ	Ⅲ	Ⅰ	Ⅱ	Ⅲ	
初始粘度(mPa・s)		300～3000	5000～20000	—	300～3000	5000～20000	—	GB/T 2794
粘结强度(与砂浆块)(MPa)	标准状态	≥2.5			≥2.0			JC/T 1041
	湿粘结	≥1.5			≥1.5			
断裂延伸率(%)		—			≥30			GB/T 528

注:软质注浆胶用于耐久性要求高、有变形可能的部位注浆。Ⅰ型、Ⅱ型注浆胶用于钻孔注浆,Ⅱ型、Ⅲ型注浆胶用于钉锚注浆和钉锚植筋。

5.2.2 薄层原位修复复合层的性能应符合表 5.2.2 的规定。

表 5.2.2 薄层原位修复复合层的性能

项目		要求			试验方法
		毡胶复合层	透明网胶复合层	透明胶复合层	
复合系统粘结强度(MPa)	原强度	≥1.0			JG/T 16777;GB/T 1865
	人工老化 1500h 后	≥0.70			
复合系统拉伸强度(360°)(kN/m)	原拉伸强度	≥15.0	≥10.0	≥8.0	GB/T 328.9;GB/T 1865
	人工老化 1500h 后	≥15.0	≥10.0	≥8.0	
复合系统断裂伸长率(%)	原断裂延伸率	—	≥5		
	人工老化 1500h 后	—	≥5		
透水性(25mm 水柱)(ml)		≤0.6			GB/T 9779
耐人工气候老化性(1500h)		不起泡、不剥落、无裂纹			GB/T 9755

注:复合系统拉伸强度测试时不需区分横向、纵向。

5.2.3 薄层原位修复专用锚栓的性能应符合表 5.2.3 的规定。

表 5.2.3 薄层原位修复专用锚栓的性能

项目		技术指标	试验方法
单个锚栓抗拉拔标准值(kN)	普通混凝土基层墙体	≥1.5	JG/T 366
	实心砖、多孔砖、加气混凝土砌体	≥0.9	

注:加气混凝土砌块测试注浆后的单个锚栓抗拉拔标准值。

5.3 厚层原位修复用材料与系统

5.3.1 复合热镀锌电焊钢丝网(简称钢丝网)的性能应符合表 5.3.1的规定。

表 5.3.1 复合热镀锌电焊钢丝网的性能指标

项目		性能指标	试验方法
小孔网	丝径(mm)	0.9±0.04	QB/T 3897
	网孔(mm)	12.7×12.7	
大孔网	丝径(mm)	2±0.07	
	网孔(mm)	120×120	
焊点抗拉力(N)	丝径 0.9mm	>65	
	丝径 2mm	>330	
镀锌层重量(g/m^2)		≥122	

5.3.2 专用隔热膨胀螺栓的性能应符合表 5.3.2 的规定。

表 5.3.2 专用隔热膨胀螺栓的性能

项目		性能指标	试验方法
单个螺栓抗拉承载力标准值(kN)		≥4.0	JG/T 160
单个螺栓抗剪承载力标准值(kN)		≥3.0	
单个螺栓抗拉承载力标准值(kN)	普通混凝土基层墙体	≥3.0	JG/T 366
	实心砖砌体	≥2.5	
	加气混凝土砌体	≥2.0	

注:1 单个螺栓抗拉、抗剪承载力标准值以 C25 混凝土为基层的标准值。

2 四种墙体的单个螺栓抗拉承载力标准值均为墙体破坏。

5.3.3 专用隔热膨胀锚栓封堵用粘结砂浆的性能应符合表5.3.3的规定。

表 5.3.3 粘结砂浆的性能

项目			性能指标	试验方法
拉伸粘结强度(MPa)(与水泥砂浆块)	原强度		≥0.6	GB/T 29906
	耐水强度	浸水 48h,干燥 2h	≥0.3	
		浸水 48h,干燥 7d	≥0.6	

5.3.4 普通抗裂抹灰砂浆的性能应符合表 5.3.4 的规定。

表 5.3.4 普通抗裂抹灰砂浆的性能

项目		性能指标	试验方法
强度等级		M15	JGJ/T 70
28d 抗压强度(MPa)		≥15.0	
保水率(%)		≥88.0	
2h 稠度损失率(%)		≤30	
14d 拉伸粘结强度(MPa)		≥0.20	
28d 收缩率(%)		≤0.15	
抗冻性	强度损失率(%)	≤25	
	质量损失率(%)	≤5	
开裂指数(mm)		0	DG/TJ 08－502

6 设 计

6.1 一般规定

6.1.1 外墙外保温修复工程应根据评估报告、施工环境等进行修复设计，采取相应的修复方案。

6.1.2 外墙外保温修复工程的整体修复可采用整体置换修复、整体表层置换修复、整体薄层原位修复和整体厚层原位修复技术，整体修复方案可根据表 6.1.2 进行选择；局部修复可采用局部置换修复、局部表层置换修复和局部薄层原位修复技术。

表 6.1.2 整体修复基本规定

项目	整体置换修复	整体表层置换修复	整体薄层原位修复	整体厚层原位修复
外保温系统质量状况	保温砂浆类空鼓面积大于 15%； 保温系统为 D 级； 保温材料为 D 级	保温系统 C 级； 保温材料 C 级； 饰面和防护材料 D 级	保温材料和保温系统 C 级； 饰面和防护材料 C 级	保温砂浆类空鼓面积不大于 15%； 保温材料 C 级； 保温系统为 C 级

注：整体表层置换修复适用于板材类及现场喷涂类保温系统。

6.1.3 外墙外保温系统的修复宜采用原饰面材料。

6.1.4 当外墙外保温系统修复部位为勒脚、门窗洞口、凸窗、变形缝、挑檐、女儿墙时，应进行节点防水、抗开裂设计。

6.1.5 对需要铲除清理的外墙外保温系统修复工程，清理后表面应进行界面处理，再进行后续施工。

6.1.6 修复工程完成后，外表面饰面平整度、饰面材料质感、颜色宜与原设计一致。

6.2 整体置换修复和整体表层置换修复

6.2.1 外墙外保温系统采取整体置换修复时,置换后保温系统应进行墙体材料热工计算,节能指标应满足原设计要求。

6.2.2 对建筑外墙外保温系统进行整体置换修复时,基层应符合下列规定:

1 坚实、无松动、无脱落等现象。

2 无空鼓、无裂缝等损坏。

3 基层墙体抹灰层的拉伸粘结强度应符合设计要求。

6.2.3 外墙外保温系统可采取整体表层置换修复。对建筑外墙进行整体表层置换修复时,原保温层应符合下列规定:

1 无松动、无脱落等现象。

2 无空鼓、无裂缝等损坏。

6.2.4 整体表层置换修复应对清除后有缺陷的保温层进行修复,再对原保温层进行界面处理,涂抹抹面砂浆,压入玻纤网并设置锚栓,锚栓在墙面上应布置为梅花状,且每平方米墙面的锚栓数量不应少于4个。

6.2.5 修复墙面与相邻墙面的交接处应采用玻纤网搭接,搭接宽度不应小于200mm,并制定细部做法。

6.2.6 置换修复的外墙外保温系统的设计应符合相应外墙外保温系统应用技术标准的规定。

6.3 整体薄层原位修复

6.3.1 外墙外保温系统可采取整体薄层原位修复。对建筑外墙外保温系统进行整体薄层原位修复时,应根据饰面类型选择非透明原位修复系统或透明原位修复系统。

6.3.2 非透明原位修复系统、透明原位修复系统应符合表

6.3.2-1～表6.3.2-3的构造要求。

表6.3.2-1 非透明(涂料饰面)原位修复系统基本构造层

<table>
<tr><td rowspan="2">基层墙体①</td><td colspan="4">原系统基本构造</td><td colspan="7">非透明(涂料饰面)原位修复系统基本构造层</td></tr>
<tr><td>界面层或粘结层②</td><td>保温层③</td><td>护面层④</td><td>饰面层⑤</td><td colspan="2">加固层⑥</td><td colspan="4">毡锚复合层⑦</td><td>饰面层⑧</td></tr>
<tr><td>墙体</td><td>界面层或粘结层</td><td>保温材料</td><td>护面材料</td><td>饰面材料</td><td>钻孔注浆</td><td>界面处理</td><td>毡胶</td><td>抗裂毡</td><td>钉锚植筋/钉锚注浆</td><td>毡胶</td><td>饰面材料</td></tr>
</table>

表6.3.2-2 透明网胶(面砖饰面)原位修复系统基本构造层

<table>
<tr><td rowspan="2">基层墙体①</td><td colspan="4">原系统基本构造</td><td colspan="6">透明(面砖饰面面砖)原位修复系统基本构造层</td></tr>
<tr><td>粘结层②</td><td>保温层③</td><td>护面层④</td><td>饰面层⑤</td><td colspan="2">加固层⑥</td><td colspan="4">透明网胶复合层⑦</td></tr>
<tr><td>墙体</td><td>粘结材料</td><td>保温材料</td><td>护面材料</td><td>饰面材料</td><td>钻孔注浆/钉锚植筋/钉锚注浆</td><td>界面处理</td><td>透明底胶</td><td>(柔韧抗裂网)</td><td>透明耐候胶</td><td>透明罩面胶</td></tr>
</table>

表6.3.2-3 透明胶(面砖饰面)原位修复系统基本构造层

<table>
<tr><td rowspan="2">基层墙体①</td><td colspan="4">原系统基本构造</td><td colspan="5">透明(面砖饰面)原位修复系统基本构造层</td></tr>
<tr><td>粘结层②</td><td>保温层③</td><td>护面层④</td><td>饰面层⑤</td><td colspan="2">加固层⑥</td><td colspan="3">透明胶复合层⑦</td></tr>
<tr><td>墙体</td><td>粘结材料</td><td>保温材料</td><td>护面材料</td><td>饰面材料</td><td>钻孔注浆/钉锚植筋/钉锚注浆</td><td>界面处理</td><td>透明底胶</td><td>透明耐候胶</td><td>透明罩面胶</td></tr>
</table>

注:仅适用于局部薄层原位修复。

6.3.3 对建筑外墙外保温系统进行整体薄层原位修复时,可不铲除或局部铲除缺陷部位;对于极少数空鼓缺陷严重的部位,应局部铲除空鼓开裂部位外保温系统至基层,并延空鼓开裂部位至少扩大100mm铲除防护层,涂刷专用界面剂并恢复保温系统各构造层后,再进行整体薄层原位修复施工。

6.3.4 整体薄层原位修复应根据空鼓情况采用钻孔注浆、钉锚注浆和钉锚植筋等工法进行加固，钻孔注浆及专用锚栓的设置应符合下列规定：

1 钻孔注浆宜采用梅花状布点，位置和数量应根据实际空鼓情况确定。

2 专用锚栓应采用梅花状布点，每平方米不应少于4个，并应进行受力计算确定，锚栓伸入基层墙体有效深度不应小于30mm。

3 钉帽表面应进行防水处理。

6.3.5 原涂料饰面应采用毡胶复合层覆盖、加固，原面砖饰面应采用透明网胶饰面加固。加固层外延长度不宜小于200mm。

6.3.6 非透明薄层原位修复用饰面材料应与原饰面材料质地保持一致。

6.3.7 对外墙外保温系统的裂缝、渗水等缺陷应先进行处理，再进行整体薄层原位修复施工。

6.4 整体厚层原位修复

6.4.1 外墙外保温系统可采取整体厚层原位修复。整体厚层原位修复系统应符合表6.4.1的构造要求。

表6.4.1 整体厚层原位修复系统基本构造

基层墙体①	原系统基本构造				整体厚层原位修复系统基本构造层				
	界面层或粘结层②	保温层③	护面层④	饰面层⑤	支撑系统⑥		护面层＋饰面层⑦		
墙体	粘结材料	保温材料	护面材料	饰面材料	隔热膨胀螺栓（封堵粘结砂浆）	复合钢丝网	界面材料	普通抗裂抹灰砂浆	饰面材料

6.4.2 对建筑外墙外保温系统进行整体厚层原位修复时，应对原外墙表面进行界面处理。

6.4.3 整体厚层原位修复不得用于混凝土空心砌块、烧结空心砖的基层墙体。

6.4.4 整体厚层原位修复采用的隔热膨胀螺栓的设置应符合下列规定：

1 当保温层厚度不大于 70mm 时，应采用螺杆直径不小于 12mm 的隔热膨胀螺栓。

2 螺栓应梅花状布点植入基层墙体，每平方米数量不应少于 3 个，伸入基层墙体有效深度不应小于 50mm（图 6.4.4）。

3 螺栓在竖向阳角处每 1200mm 内应增设 1 个，螺栓中心距离边缘宜为 120mm～150mm。

4 植入螺栓的基墙孔内应注入粘结砂浆进行封堵。

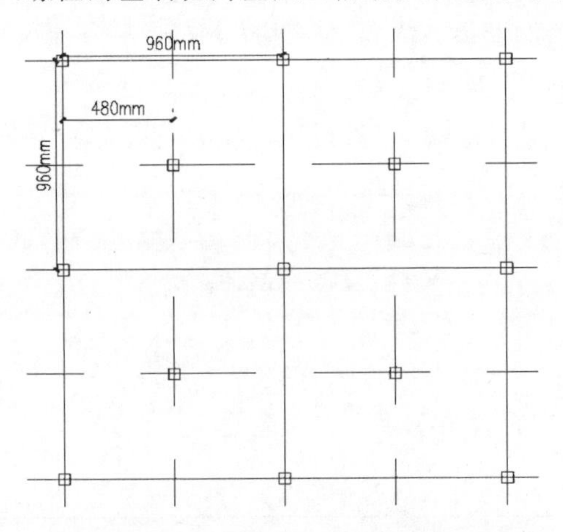

图 6.4.4 隔热膨胀螺栓示意图

6.4.5 整体厚层原位修复采用的复合钢丝网应进行搭接，搭接宽度不应小于 40mm，搭接处应采用镀锌铁丝绑扎，绑扎点间距不应大于 150mm。

6.4.6 整体厚层原位修复的外墙阴、阳角以及门窗洞口周边的节点设置应符合下列规定：

1 阴、阳角铺挂复合钢丝网时，应采用直角条网包角增强，直角条网的两边宽度宜各为 70mm。网与网的搭接处应采用镀锌铁丝绑扎，绑扎点间距不应大于 150mm。

2 门窗洞口周边和转角部位应采用定型转角网搭接平面网增强，搭接宽度不应小于 100mm。角部宜 45°加设尺寸为 300mm×400mm 小块钢丝网。网与网的搭接处应采用镀锌铁丝绑扎，绑扎点间距不应大于 150mm。

6.4.7 防护层应界面处理后，再采用普通抗裂抹灰砂浆，抹灰层总施工厚度宜为 15mm～20mm。

6.4.8 防护层在门窗洞口边缘应设置门窗连接线槽，其深度与防护层同厚，宽度宜为 5mm～7mm，并应做密封防水处理，门窗外侧洞口上沿口应设置滴水线。

6.4.9 防护层与原各种穿墙管道之间应做密封防水处理，其深度与防护层同厚，宽度宜为 5mm～7mm。

6.4.10 整体厚层原位修复的防护层应设置分隔缝，分隔面积不应大于 $30m^2$。

6.5 局部置换修复和局部表层置换修复

6.5.1 建筑整个立面局部区域的外墙外保温系统经评估为 B 级或 C 级或保温砂浆外保温系统空鼓面积小于 15%时，可采用局部置换修复或局部表层置换修复。

6.5.2 局部铲除前应用锚栓加固四周。锚栓位置距离铲除部位宜为 100mm，并铲除锚栓两侧的饰面层，各不宜少于 100mm，锚栓间距不宜大于 400mm。

6.5.3 局部铲除时根据空鼓深度先铲除至空鼓层，铲除边界应扩展至非缺陷区不少于 100mm。

6.5.4 局部修复前，基层墙体应符合本标准第 6.2.2 条的规定，原保温层应符合本标准第 6.2.3 条的规定。

6.5.5 应对铲除部位进行界面处理，保温层铲除时应重置保温层。

6.5.6 抗裂面层中应设置玻纤网至新旧部位交接处，玻纤网搭接距离不小于 100mm。

6.5.7 在抗裂面层的玻纤网外侧应设置锚栓，每平方米墙面的锚栓数量不应少于4个。

6.6 局部薄层原位修复

6.6.1 建筑整个立面局部区域的外墙外保温系统经评估为B级或C级或保温砂浆外保温系统空鼓面积小于15%时，可采用局部薄层原位修复。

6.6.2 局部薄层原位修复的设计应按整体薄层原位修复的规定执行。

7 施 工

7.1 一般规定

7.1.1 建筑外墙外保温系统修复前，应根据修复设计方案，制定修复施工方案，方案应包括下列主要内容：

1 项目概况。

2 编制依据。

3 施工前准备。

4 施工工艺及技术措施。

5 安全施工措施。

6 文明施工措施。

7 施工消防措施。

8 应急预案。

9 施工进度计划。

10 脚手架或吊篮施工方案。

11 施工场地布置图。

7.1.2 施工前，现场宜制作修复工程施工样板，进行实体力学性能检验，合格后封存留样。

7.1.3 建筑外墙外保温系统修复期间及完工 24h 内，施工环境温度应为 5℃～35℃；夏季应避免阳光暴晒；5 级及以上大风和雨雪天气不得施工。

7.1.4 建筑外墙外保温系统修复不应对既有保温系统造成附加损害，并应采取防污保护措施。

7.1.5 建筑外墙外保温系统修复的施工安全应符合下列规定：

1 修复前，应对修复区域内的外墙悬挂物进行安全检查。

当悬挂物强度不足或与墙体连接不牢固时，应采取加固措施或拆除、更换。

2 施工期间，应采取安全防护措施和编制应急预案。

3 当修复外立面紧邻人行道或车行道时，应在该道路上方搭设安全隔离防护棚，并应设置警示和引导标志。

4 当实施拆除作业或建材、设备、工具的传运和堆放时，不得高空抛掷和重摔重放，并应采取防止剔凿物及粉尘散落的措施。

5 吊篮等应经检测合格后方可使用。

6 脚手架的搭设和连接应牢固，且安全检验应合格。

7 施工现场作业区和危险区，应设置安全警示标志。

7.1.6 外墙外保温系统修复应制定施工防火专项方案，消防安全应符合下列规定：

1 加强对参与现场施工人员的消防意识教育和消防指导，认真贯彻消防制度，定期进行防火检查。

2 工地设立联防小组，以预防为主。每层设灭火机1只/100m^2，水源处的道路应保持畅通。工棚、更衣室、料具间等临时设施均应配置灭火器具。

3 施工现场应严格按《建设工程施工现场消防安全技术规范》等规定进行施工消防工作，定期检查灭火设备和易燃物品的堆放处，消除火警隐患。

4 加强对电焊、气焊设备的整治，防火防爆，焊割作业中应严格执行“十不烧”规定。

5 施工现场未经批准不得随意动用明火。如需动用明火，应办理相应手续，落实监护措施。

6 消防器材不得挪作它用，周围不准堆物，保持道路畅通。

7.1.7 建筑外墙外保温系统修复的施工管理应符合现行行业标准《建筑施工安全检查标准》JGJ 59的相关规定，文明施工应符合下列规定：

1 应设置专区堆放材料，且对易产生扬尘的堆放材料应采取覆盖措施。

2 应使用低噪声、低振动、低能耗的机具设备。

3 应建立文明施工制度，及时分拣、回收废弃物并清运现场垃圾。

7.2 整体置换修复和整体表层置换修复

7.2.1 整体置换修复的施工流程应符合图 7.2.1 的规定。

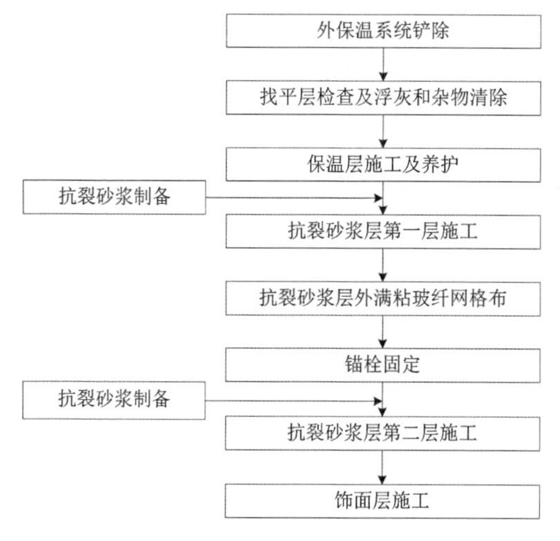

图 7.2.1 整体置换修复的施工流程

7.2.2 整体表层置换修复的施工流程应符合图 7.2.2 的规定。

7.2.3 外墙外保温系统的整体置换修复施工应符合下列规定：

1 原缺陷部位应清除至基层，且不应破坏基层墙体及相邻立面外保温系统。

2 清除后的基层墙体若不满足本标准第 6.2.1 条第 3 款规定时，应先对其进行清理、填补、加固或防水处理后再进行下一道工序施工。

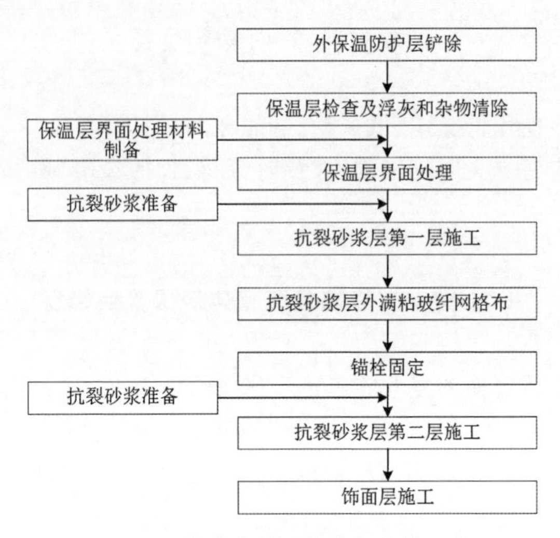

图 7.2.2 整体表层置换修复的施工流程

3 对清除后部位进行清理和界面处理，重新增设保温系统各构造层，并应符合国家现行有关标准的规定。

4 修复墙面与相邻立面玻纤网之间应搭接或包转，搭接宽度不应小于 200mm。

5 宜采用气力射钉枪打入锚栓，锚栓伸入基墙的有效锚固深度及外保温系统分格缝处理应符合相应外墙外保温系统应用技术标准的规定。

7.2.4 外墙外保温系统整体表层置换修复施工应符合下列规定：

1 原缺陷部位应清除至保温层。

2 铲除完毕，应检查保温层平整度、空鼓和开裂情况，对有缺陷的保温层进行修复。

3 对原保温层进行界面处理，再重新增设防护层和饰面层，并应符合国家现行有关标准的规定。

4 修复墙面与相邻立面玻纤网之间应搭接或包转，搭接宽度不应小于 200mm。

5 宜采用气力射钉枪打入锚栓，锚栓伸入基墙的有效锚固深度及外保温系统分格缝处理应符合相应外墙外保温系统应用技术标准的规定。

7.2.5 其他施工应符合相应外墙外保温系统应用技术标准的规定。

7.3 整体薄层原位修复

7.3.1 整体薄层原位修复施工流程如图 7.3.1-1～图 7.3.1-3 所示。

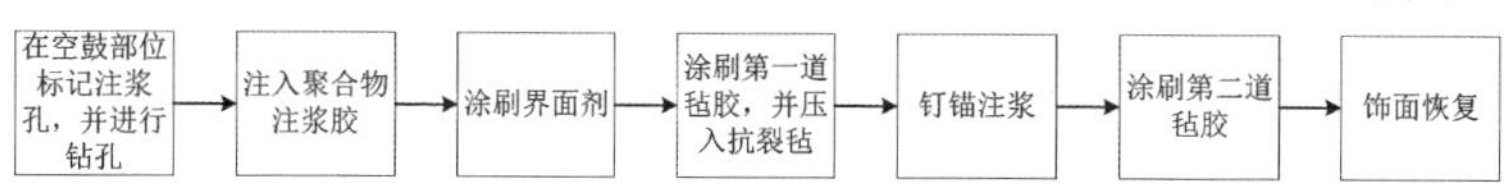

图 7.3.1-1 非透明薄层原位修复系统施工流程

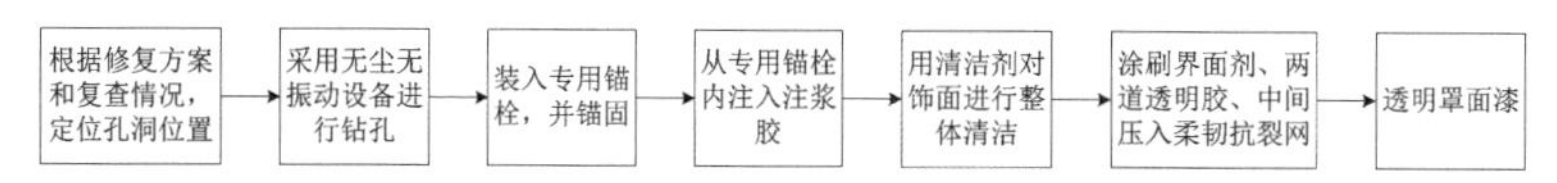

图 7.3.1-2 透明网胶复合层薄层原位修复系统施工流程

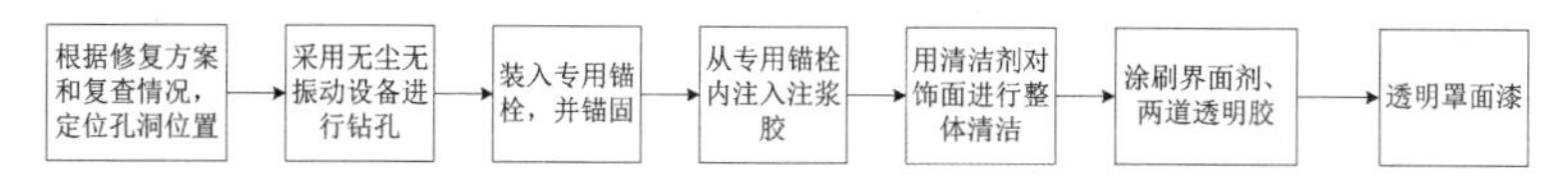

图 7.3.1-3 透明胶复合层薄层原位修复系统施工流程

7.3.2 极少量局部空鼓严重区域，铲除前应用薄层原位修复专用锚栓加固四周，锚栓距空鼓区域边缘距离不宜大于 150mm，锚栓间距不应大于 400mm。

7.3.3 非透明薄层原位修复系统施工应符合下列规定：

1 依据评估报告，施工前应对饰面空鼓部位进行复核。

2 注浆孔表面涂刷防水胶，进行防水处理。

3 界面找平，涂刷第一层毡胶。

4 将抗裂毡压入底部毡胶内，抗裂毡须铺平、压实。

5 对钉帽表面刷涂防水胶，进行防水处理。

6 刷第二道毡胶覆盖、加固。

7.3.4 透明薄层原位修复系统施工应符合下列规定：

1 依据评估报告，施工前应对饰面空鼓部位进行复核。

2　面砖表面需整体清洁。

3　采用专用无尘无振动设备进行开孔，不得损坏面砖。

4　专用锚栓植入，并注浆。

5　面砖表面清洁，并涂刷两道透明胶和一层透明网覆盖加固。

7.3.5　建筑外墙外保温系统的涂料饰面层出现对外墙装饰效果影响较大的裂缝时，应根据裂缝成因，并按行业标准《建筑外墙外保温系统修缮标准》JGJ 376－2015 中第 7.2.2 条的规定进行施工。

7.3.6　建筑外墙外保温系统渗水部位修复应按行业标准《建筑外墙外保温系统修缮标准》JGJ 376－2015 中第 7.2.5 条的规定进行施工。

7.4　整体厚层原位修复

7.4.1　整体厚层原位修复的施工流程如图 7.4.1 所示。

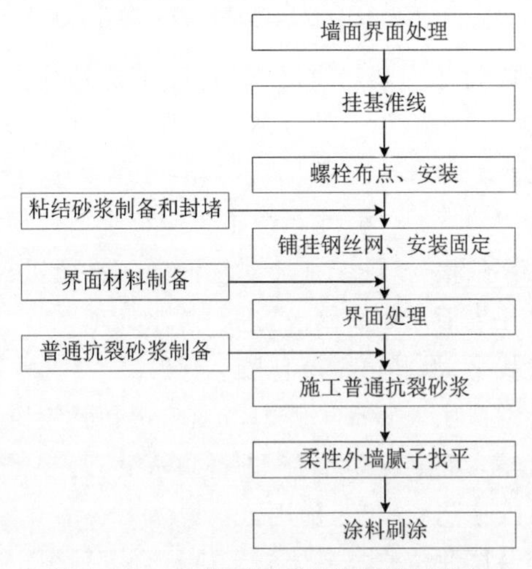

图 7.4.1　整体厚层原位修复施工流程

7.4.2 整体厚层原位修复施工应符合下列规定：

1 在建筑物外墙阴、阳角等部位设置垂直与水平基准控制线。

2 布点：

1）在已找平的基层划线定点，应采用“米”字形布点，布点需经弹线控制水平。

2）墙面布点时，阳角两侧对称布置第一列栓点距阳角间距宜为 200mm。

3）复合镀锌电焊钢丝网搭接部位由隔热膨胀螺栓固定。每平方米设置隔热膨胀螺栓不应少于 3 个，门窗框侧面部位需经设计确定。

3 钻孔：

1）当基层墙体为混凝土时，钻孔钻头的直径应比隔热膨胀螺栓直径大 2mm。

2）当基层墙体为其他类型时，钻孔钻头的直径应与隔热膨胀螺栓直径相同；钻孔钻入深度一般不应小于 55mm。

4 植栓：

1）植入后的隔热膨胀螺栓应突出原有墙面 5mm～8mm。

2）用套筒扳手拧紧隔热膨胀螺栓，使栓头处膨胀并与基层墙体紧密、牢固连接。

3）在植入隔热膨胀螺栓的基墙孔内应注入粘结砂浆进行封堵。

5 铺挂网片：

1）复合热镀锌电焊钢丝网铺挂时应自上而下、从阳角起铺挂，铺挂应平整。阴阳角处用定型 90°折角钢丝网铺设。

2）复合热镀锌电焊钢丝网铺挂于支承架上后用固定压片及螺丝固定拧紧。

3）复合热镀锌电焊钢丝网的上下、左右之间及转角部位应有搭接，其搭接宽度不应小于40mm。

6 布置钢丝网架后，整体刷涂界面处理材料。

7 整体厚层原位修复的护面层施工应符合下列规定：

1) 应采用强度等级不低于M15的干混普通抗裂抹灰砂浆，厚度应为15mm～20mm。

2) 砂浆施工表面应平整、垂直，不得有空鼓、开裂。

3) 护面层施工完成后，应至少养护7d方可进行下道工序施工。

7.5 局部置换修复和局部表层置换修复

7.5.1 原缺陷部位应根据缺陷深度、缺陷程度等清除至基层或保温层，并沿原缺陷部位铲除扩展100mm。

7.5.2 对外墙外保温系统缺陷部位进行切割前，宜用气力射钉枪打入锚栓固定四周，锚栓距空鼓区域边缘距离不大于200mm，锚栓位置距离铲除部位宜为100mm。铲除锚栓两侧100mm的饰面层，设置锚栓的间距不得大于400mm。

7.5.3 清除后基层墙体的处理应符合本标准第7.2.3条第2款的规定，清除后原保温层的处理应符合本标准第7.2.4条第2款的规定。

7.5.4 对清除后部位的界面处理、护面层和饰面层施工应符合相应外墙外保温系统应用技术标准的规定。

7.6 局部薄层原位修复

7.6.1 局部薄层原位修复的施工应按整体薄层原位修复的规定执行。

8 验　收

8.1 一般规定

8.1.1 建筑外墙外保温系统修复施工后，应按现行国家标准《建筑工程施工质量验收统一标准》GB 50300、《建筑节能工程施工质量验收规范》GB 50411、《建筑装饰装修工程质量验收规范》GB 50210 和现行行业标准《外墙外保温工程技术标准》JGJ 144、《抹灰砂浆技术标准》JGJ/T 220 以及现行上海市工程建设规范《建筑节能工程施工质量验收标准》DGJ 08－113 的相关要求和本标准的有关规定进行施工质量验收。

8.1.2 建筑外墙外保温系统修复工程的质量验收应包括施工过程中的质量检查、隐蔽工程验收和检验批验收，施工完成后应进行外墙外保温系统修复分项工程验收。

8.1.3 现场检测以一个立面和 $1000m^2$ 划分为一个检验批，不足 $1000m^2$ 也应该划分为一个检验批。每个检验批随机分布取 3 处，每处不少于 3 个点，但点与点之间的距离不小于 500mm。

8.1.4 修复工程应对下列部位或内容进行隐蔽工程验收，并应有详细的文字记录和必要的图像数据：

1 保温层附着的墙体基层及其表面处理。

2 界面处理的施工。

3 被封闭的保温层厚度。

4 抹面层厚度、平整度及玻纤网的铺设及搭接。

5 锚栓的设置。

6 各加强部位以及门窗洞口和穿墙管线部位的处理。

8.1.5 修复工程施工质量验收应符合下列规定：

1 修复设计、施工方案及质量控制资料等应完整齐全。

2 修复材料出厂质量证明文件、现场抽样复验报告等资料应齐全，材料性能应符合要求。

3 修复部位不应有裂缝、空鼓、渗水等明显异常情况，饰面层宜与未修复部位饰面层无明显色差。

8.1.6 修复工程验收时应检查下列资料，且验收资料应存档：

1 检测评估报告。

2 修复设计方案、施工方案、施工记录等资料。

3 材料出厂证明、合格证、现场抽样复验报告、现场检测报告。

4 各项隐蔽验收记录。

5 工程技术及安全交底资料。

6 交工验收时的验收证明资料等。

7 其他必须提供的资料。

8.2 主控项目

8.2.1 修复施工前应按设计和施工方案的要求对基层墙体进行处理，处理后的基层应符合施工方案的要求。

检查方法：对照设计和施工方案观察检查；核查隐蔽工程验收记录。

检查数量：全数检查。

8.2.2 外保温系统主要修复材料进场后应进行验收和见证抽样检测，品种、性能应符合设计和本标准的规定。

检查方法：观察、核查质量证明文件、送检及有效期内的型式检验报告。

检查数量：按进场批次，每批随机抽取 3 个试样进行检查；质量文件按照其出厂检验批次进行核查。

8.2.3 外保温系统主要修复材料应按表 8.2.3 的规定进行现场复验，复验应为见证取样送检，取样数量应符合现行国家标准《建筑节能工程施工质量验收规范》GB 50411 的规定。

表 8.2.3 主要修复材料复验项目

<table>
<tr><td>材料</td><td>复验项目</td><td></td></tr>
<tr><td rowspan="6">置换修复用材料</td><td>界面处理剂</td><td>拉伸粘结强度</td></tr>
<tr><td>A 级保温板</td><td>干密度、导热系数、抗拉强度、体积吸水率、燃烧性能</td></tr>
<tr><td>玻纤网</td><td>耐碱断裂强力、断裂伸长率</td></tr>
<tr><td>普通锚栓</td><td>单个锚栓抗拉承载力标准值、单个锚栓圆盘强度标准值</td></tr>
<tr><td>抹面砂浆</td><td>原始、耐水和耐冻融后的拉伸粘结强度、吸水量</td></tr>
<tr><td>粘结砂浆</td><td>原始、耐水后的拉伸粘结强度(与水泥砂浆)</td></tr>
<tr><td rowspan="6">薄层原位修复用材料</td><td>聚合物注浆胶</td><td>粘结强度(标准状态)</td></tr>
<tr><td>注浆胶</td><td>粘结强度(标准状态)</td></tr>
<tr><td>专用锚栓</td><td>单个锚栓抗拉拔标准值</td></tr>
<tr><td>毡胶复合层</td><td rowspan="3">复合层原粘结强度、复合层原拉伸断裂强度、复合层原断裂伸长率</td></tr>
<tr><td>网胶复合层</td></tr>
<tr><td>透明胶复合层</td></tr>
<tr><td rowspan="4">厚层原位修复用材料</td><td>复合热镀锌电焊钢丝网</td><td>焊点抗拉力</td></tr>
<tr><td>粘结材料</td><td>粘结原强度</td></tr>
<tr><td>隔热膨胀锚栓</td><td>单个螺栓抗拉承载力标准、单个螺栓抗剪承载力标准值</td></tr>
<tr><td>普通抗裂干混砂浆</td><td>抗压强度、拉伸粘结强度、开裂指数</td></tr>
</table>

8.2.4 保温材料置换修复后现场检验保温层平均厚度应符合设计要求，最小厚度不应小于设计厚度的 90%。

检查方法：对保温层采用钢针插入或钻芯法进行。

检查数量：按检验批数量，每个检验批抽查不少于 3 处。现场钻心检验的数量应符合现行上海市工程建设规范《建筑节能工程施工质量验收标准》DGJ 08－113 的规定。

8.2.5 玻纤网应铺设严密，不应有空鼓、褶皱、外露等现象，搭接长度应符合设计和本标准要求。

检查方法：观察检查；直尺测量；核查施工记录和隐蔽工程验收记录。

检查数量：每个检验批不少于 3 处，每处不少于 $1m^2$。

8.2.6 保温材料置换修复工程，保温板材与基层及各构造层之间的粘结或连接必须牢固。粘结强度和连接方式应符合设计要求。保温板材与基层的粘结强度应做现场拉拔试验。

检查方法：观察；粘结强度核查试验报告；核查隐蔽工程验收记录。

检查数量：每个检验批不少于 3 处。

8.2.7 修复工程的锚固件数量、位置、锚固深度、胶结材料性能和抗拉承载力应符合设计要求。修复后外墙外保温系统以锚固为受力构件时，抗拉承载力应进行现场拉拔试验。

检查方法：按现行上海市工程建设规范《建筑围护结构节能现场检测技术标准》DG/TJ 08－2038 进行检验。

检查数量：每个检验批不少于 3 处。

8.2.8 薄层原位修复系统的复合层拉伸粘结强度应符合设计要求，复合层与原保温系统的粘结强度应做现场拉拔试验。

检查方法：对薄层原位修复系统的复合层与原保温系统的拉伸粘结强度现场检测时，拉伸部位距修复边缘不应小于 100mm，用美工刀切割复合层至原饰面层表面，并用专用固定框固定饰面层，试验方法按行业标准《外墙外保温工程技术标准》JGJ 144－2019 附录 C 的规定进行。非透明（涂料饰面）原位修复系统的复合层与原饰面层界面破坏时，拉伸粘结强度的平均值不应小于 0.4MPa或破坏界面在原保温系统内；透明网胶和透明胶（面砖饰面）原位修复系统的复合层与原饰面砖的拉伸粘结强度的平均值不应小于0.4MPa，每组可有一个数值小于本标准规定值，但不应小于规定值的75%。

检查数量：每个检验批不少于3处。

8.2.9 竣工验收时应对修复部位进行热工缺陷检测，局部修复的修复部位及整体修复后外墙外保温系统不应存在热工缺陷。

检查方法：红外热像仪法检查。

检查数量：全数检查。

8.3 一般项目

8.3.1 外保温系统保温层垂直度、尺寸允许偏差、抹面层和饰面层施工质量应符合现行国家标准《建筑装饰装修工程质量验收规范》GB 50210的规定。

8.3.2 系统抗冲击性应符合行业标准《外墙外保温工程技术标准》JGJ 144—2019的要求。

检查方法：按标准附录C第C.2节。

8.3.3 原位修复材料应粘结牢固，无脱层、空鼓和裂缝。

检查方法：观察；手摸检查。

8.3.4 施工产生的墙体缺陷，如穿墙套管、孔洞、管线槽等均须修复并应根据施工方案采取隔断热桥措施。

检查方法：观察；尺量检查。

检查数量：全数检查。

8.3.5 墙体易碰撞的阳角、门窗洞口及不同材料基层的交接处等特殊部位，对保温层、抹面层应采取防止开裂和破损的加强措施。

检查方法：观察检查；核查隐蔽工程验收记录。

检查数量：按不同部位，每类抽查10%，并不少于5处。

附录A 筒压法测定无机保温砂浆抗压强度

A.1 一般规定

A.1.1 筒压法适用于推定现场无机保温砂浆的强度，不适用于推定高温、长期浸水、遭受火灾、环境侵蚀等无机保温砂浆的强度。

A.1.2 检测时，应从外墙外保温系统中抽取无机保温砂浆试样，并应在试验室内进行筒压荷载测试，应测试筒压比，并采用拟合公式换算为无机保温砂浆强度。

A.2 测试设备

A.2.1 承压筒(图 A.2.1)可用现行国家标准《轻集料及其试验方法》GB/T 17431.2 中测定轻骨料筒压强度的承压筒。承压筒由圆柱形筒体[另带筒底，见图 A.2.1(a)]、导向筒[图 A.2.1(a)]和冲压模[图 A.2.1(b)]三部分组成；筒体可用无缝钢管制作，有足够刚度，筒体内表面和冲压模底面须经渗碳处理。筒体可拆，并装有把手。导向筒用以导向和防止偏心。

A.2.2 水泥跳桌技术指标，应符合现行国家标准《水泥胶砂流动度测定方法》GB/T 2419 的有关规定。

A.2.3 万能试验机，应连接 10kN 传感器。

A.2.4 其他设备和仪器应包括：手锤；颚式破碎机(PEF 60×100 111 型)；砂摇筛机；电热鼓风控温干燥箱；孔径为 5mm、10mm、15mm(或边长为 4.75mm、9.5mm、16mm)的标准砂石筛(包括筛盖和底盘)；电子天平(感量为 0.1g)。

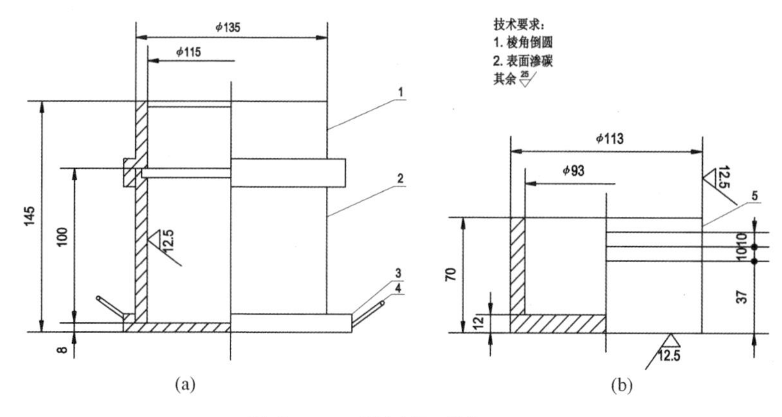

图 A.2.1　承压筒(单位:mm)

1—导向筒;2—筒体;3—筒底;4—把手;5—冲压模

A.3　测试步骤

A.3.1　在对应测试区域内切割外墙外保温系统至基层,取成块无机保温砂浆约 6 000g,无机保温砂浆块的最小厚度不得小于 5mm。不同测试区域的无机保温砂浆样品应分别放置并编号,不得混淆。

A.3.2　用手锤初步击碎无机保温砂浆样品,使得砂浆块尺寸不大于破碎机入口尺寸,再使用颚式破碎机对击碎后的砂浆块进一步破碎。筛选 5mm～15mm 的保温砂浆颗粒约 2000g,放入电热鼓风控温干燥箱内,在(80±5)℃下保温 24h,然后再在(105±5)℃下烘干至恒重,并应待冷却至室温后备用。

A.3.3　每次应取烘干样品约 600g,应置于孔径 5mm、10mm、15mm(或边长 4.75mm、9.5mm、16mm)标准筛所组成的套筛中,机械摇筛 2min 或手工摇筛 1.5min,应称取粒级 5mm～10mm(4.75mm～9.5mm)和 10mm～15mm(9.5mm～16mm)的砂浆颗粒各 180g 和 270g,混合均匀后作为一个试样;应制备 3 个试样。

A.3.4 用带筒底的承压筒装试样至高出筒口，放在混凝土实验振动台上振动 3s，再装试样至高出筒口，放在振动台上振动 5s，齐筒口刮(或补)平试样。装上导向筒和冲压模，使冲压模的下刻度线与导向筒的上缘对齐。

A.3.5 装上导压筒和冲压模，将承压筒置于万能试验机上，应再次检查承压筒内的砂浆是否平整，稍有不平时应整平；对准压板中心，并以 200N/s 的速度均匀加载至 3kN，保持 5s 后卸载。

A.3.6 施加荷载过程中，出现冲压模倾斜状况时，应立即停止测试，并应检查冲压模是否受损(变形)，以及承压筒内砂浆试样是否平整。出现冲压模受损(变形)情况时，应更换冲压模，并应重新制备试样。

A.3.7 将施压后的试样倒入由孔径 5(4.75)mm 和 10(9.5)mm 标准筛组成的套筛中时，应装入摇筛机摇筛 2min 或人工摇筛 1.5min，并应筛至每隔 5s 的筛出量基本相符。

A.3.8 称量各筛筛余试样的重量，并应精确至 0.1g，各筛的分计筛余量和底盘剩余量的总和，与筛分前的试样重量相比，相对差值不得超过试样重量的 0.5%；当超过时，应重新进行测试。

A.4 数据分析

A.4.1 无机保温砂浆试样的筒压比，应按下式计算：

$$\eta_{ij}=\frac{t_1+t_2}{t_1+t_2+t_3} \tag{A.4.1}$$

式中：η_{ij}——第 i 个测试区域第 j 个试样的筒压比，以小数计；

t_1,t_2,t_3——分别为孔径 5(4.75)mm、10(9.75)mm 筛的分计筛余量和底盘中剩余量(g)。

A.4.2 测试区域的无机保温砂浆筒压比应按下式计算：

$$\eta_i=\frac{1}{3}(\eta_{i1}+\eta_{i2}+\eta_{i3}) \tag{A.4.2}$$

式中： η_i——第 i 个测试区域无机保温砂浆筒压比平均值，以小数计，精确至0.01；

η_{i1}，η_{i2}，η_{i3}——分别为第 i 个测试区域3个无机保温砂浆试样的筒压比。

A.4.3 测试区域的无机保温砂浆抗压强度平均值应按下式计算：

$$y=0.14e^{3\eta_i} \tag{A.4.3}$$

式中：y——无机保温砂浆的抗压强度，以小数计，精确至0.01MPa。

附录B　建筑外墙外保温系统质量技术状况评估

B.1　评估要求

B.1.1　建筑外墙外保温系统质量技术状况评估内容应符合以下规定：

1　建筑外墙外保温系统质量技术状况评估应包含外保温系统、单项材料的质量技术状况评估。

2　评估单元为外墙外保温系统各立面。

3　建筑外保温系统包括饰面材料、护面材料、保温材料和粘结锚固材料四部分单项材料。

B.1.2　建筑外墙外保温系统质量技术状况的评估指标应符合以下规定：

1　评估指标可分为控制项和评分项，分别如表B.1.2-1和表B.1.2-2所示。

2　控制项应满足表B.1.2-1的要求；不满足时，外墙外保温系统应进行整体修复。

表B.1.2-1　外墙外保温系统质量技术状况控制项

编号	控制项	要求
1	空鼓面积比（保温砂浆外保温系统）	不大于15%
2	单项材料等级	A、B、C级

表B.1.2-2　外墙外保温系统质量技术状况评分项

组成(*i*)		材料		评分项	权重
外保温系统质量技术状况	1-1	饰面材料	涂料	缺陷（裂缝、渗漏、起皮）、色差、泛碱	0.20
	1-2		面砖	粘结强度、缺陷（裂缝、渗漏）	0.20
	2	护面材料		粘结强度、缺陷（裂缝、渗漏）	0.25
	3	保温材料		抗压强度/抗拉强度	0.30
	4	粘结锚固材料		粘结强度/拉拔强度	0.25

3　建筑外墙外保温系统及饰面材料、护面材料、保温材料、粘结锚固材料的质量技术状况指数(评分结果)分别用指数 MQI (Maintenance Quality Indicator)和相应分项指数 FQI、PQI、IQI 和 BQI 表示,值域为 0～100。

4　建筑外墙外保温系统质量技术状况指数 MQI 按式(B.1.2)的规定计算。

$$MQI=\omega_{\mathrm{FQI}}FQI+\omega_{\mathrm{PQI}}PQI+\omega_{\mathrm{IQI}}IQI+\omega_{\mathrm{BQI}}BQI \tag{B.1.2}$$

式中:ω_{FQI}——FQI 在 MQI 中的权重,取值为 0.20;

ω_{PQI}——PQI 在 MQI 中的权重,取值为 0.25;

ω_{IQI}——IQI 在 MQI 中的权重,取值为 0.30;

ω_{BQI}——BQI 在 MQI 中的权重,取值为 0.25。

当 FQI、PQI、IQI 和 BQI 计算值大于 100 时,取 100。

B.1.3　建筑外墙外保温系统及单项材料的质量技术状况指数及等级划分应符合表 B.1.3 的规定。

表 B.1.3　外墙外保温系统及单项材料的质量技术状况指数及等级划分

等级划分	A 级	B 级	C 级	D 级
指数区间	≥90	75≤质量技术状况指数<90	60≤质量技术状况指数<75	<60

B.2　评估方法

B.2.1　饰面材料评价应符合以下规定:

1　涂料饰面材料质量技术状况指数 FQI 按式(B.2.1-1)计算。

$$FQI=\sum_{i=1}^{i_0}\gamma_i FDI_i \tag{B.2.1-1}$$

式中:　γ_i——饰面材料第 i 类损坏的权重,按表 B.2.1-1 取值;

FDI_i——饰面材料缺陷指数,按表 B.2.1-2 取值;

i——饰面材料第 i 项损坏类型;

i_0——饰面损坏类型总数。

表 B.2.1-1　涂料饰面缺陷类型和权重

类型(i)	损坏名称	损坏程度	计量单位	权重(γ_i)
1	粉化	轻:绒布擦拭表面后试布上沾有少量颜料粒子	面积(m^2)	0.10
		中:绒布擦拭表面后试布上沾有较多颜料粒子		
		重:绒布擦拭表面后试布上沾有大量颜料粒子		
2	开裂	轻:裂缝宽度小于 0.5mm,一般为未贯通裂缝	长度(m)(影响宽度 1m)	0.15
		中:裂缝宽度在 0.5mm～1mm,或穿透饰面层表面但对底下各层饰面基本上没有影响的裂缝		
		重:裂缝宽度大于 1mm,或穿透整个饰面层的开裂		
3	剥落	轻:轻微剥落,损坏按剥落面积计算	面积(m^2)	0.15
		中:明显剥落,损坏按剥落面积计算		
		重:严重剥落,损坏按剥落面积计算		
4	起泡	轻:轻微起泡	面积(m^2)	0.15
		中:明显起泡		
		重:严重起泡		
5	渗漏	轻:轻微渗漏,损坏按渗漏面积计算	面积(m^2)	0.10
		中:明显渗漏,损坏按渗漏面积计算		
		重:严重渗漏,损坏按渗漏面积计算		
6	泛碱	轻:轻微泛碱,损坏按泛碱面积计算	面积(m^2)	0.15
		中:明显泛碱,损坏按泛碱面积计算		
		重:严重泛碱,损坏按泛碱面积计算		
7	沾污	轻:轻微沾污,损坏按沾污面积计算	面积(m^2)	0.10
		中:明显沾污,损坏按沾污面积计算		
		重:严重沾污,损坏按沾污面积计算		

续表 B.2.1-1

类型(i)	损坏名称	损坏程度	计量单位	权重(γ_i)
8	发霉	轻:霉点直径小于 2mm,损坏按霉点面积计算	面积(m^2)	0.10
		中:霉点直径在 2mm～5mm,损坏按霉点面积计算		
		重:霉点直径大于 5mm,损坏按霉点面积计算		

表 B.2.1-2 涂料饰面缺陷指数(损坏面积比评分表)

损坏程度	无	轻	中	重
损坏面积比	0	0～5%	5%～15%	≥15%
分值	100	80	60	40

2 面砖饰面材料质量技术状况评价包括面砖饰面的安全性和使用功能性。面砖饰面材料质量技术状况指数 *FQI* 按式(B.2.1-2)计算。

$$FQI=\omega_{FSI}FSI+\omega_{FUI}FUI \tag{B.2.1-2}$$

式中:*FSI*——面砖饰面材料安全性指数;

FUI——面砖饰面材料使用功能性指数;

ω_{FSI}——*FSI* 在 *FQI* 中的权重,取值为 0.70;

ω_{FUI}——*FUI* 在 *FQI* 中的权重,取值为 0.30。

1) 面砖饰面材料安全性用饰面材料安全性指数(*FSI*)评价,*FSI* 按式(B.2.1-3)计算。

$$FSI=\begin{cases}0, TBS=0\\ a_1TBS+a_2, 0<TBS<TBS_a\\ 100, TBS\geqslant TBS_a\end{cases} \tag{B.2.1-3}$$

式中:*TBS*——拉伸粘结强度值(Tensile Bond Strength);

a_1——模型参数,a_1 取 200;

a_2——模型参数,a_2 取 20;

TBS_a——拉伸粘结强度规定值,TBS_a 取 0.40。

2）面砖饰面材料使用功能性用面砖饰面使用功能性指数（FUI）评价，FUI 按式（B.2.1-4）计算。

$$FUI=\sum_{i=1}^{i_0}\gamma_i FCI_i \quad \text{(B.2.1-4)}$$

式中：γ_i——面砖饰面材料第 i 类损坏的权重，按表 B.2.1-3 取值；

FCI_i——面砖饰面材料缺陷指数，按表 B.2.1-4 取值；

i——面砖饰面材料第 i 项损坏类型；

i_0——面砖饰面损坏类型总数。

表 B.2.1-3 面砖饰面缺陷类型和权重

类型(i)	损坏名称	损坏程度	计量单位	权重(γ_i)
1	开裂	轻	长度(m)（影响宽度 1m）	0.40
		中		
		重		
2	空鼓	轻	面积(m^2)	0.30
		中		
		重		
3	泛碱	轻	面积(m^2)	0.30
		中		
		重		

表 B.2.1-4 面砖饰面材料缺陷指数(损坏面积比评分表)

损坏程度	无	轻	中	重
损坏面积比	0	0～5%	5%～15%	≥15%
分值	100	80	60	40

B.2.2 护面材料质量技术状况评价应符合以下规定：

1 护面材料质量技术状况评价包含护面材料的安全性和使用功能性。护面材料质量技术状况指数 PQI 按式（B.2.2-1）

计算。

$$PQI=\omega_{PSI}PSI+\omega_{PUI}PUI \tag{B.2.2-1}$$

式中：PSI——护面材料安全性指数；

PUI——护面材料使用功能性指数；

ω_{PSI}——PSI 在 PQI 中的权重，取值为 0.70；

ω_{PUI}——PUI 在 PQI 中的权重，取值为 0.30。

2 护面材料安全性用护面材料安全性指数（PSI）评价，PSI 按式（B.2.2-2）计算。

$$PSI=\begin{cases}0, TBS=0\\ a_1 TBS, 0<TBS<TBS_a\\ 100, TBS\geqslant TBS_a\end{cases} \tag{B.2.2-2}$$

式中：TBS——拉伸粘结强度值（Tensile Bond Strength）。

a_1——模型参数。对于无机保温砂浆，a_1 取 500；对于 EPS 板和聚氨酯保温材料，a_1 取 1 000；对于 XPS 板，a_1 取 500；对于岩棉板，a_1 取 10 000；对于岩棉带，a_1 取 1250。

TBS_a——拉伸粘结强度规定值。对无机保温砂浆，TBS_a 取 0.20；对于 EPS 板和聚氨酯，TBS_a 取 0.10；对于 XPS 板，TBS_a 取 0.20；对于岩棉板，TBS_a 取 0.01；对于岩棉带，TBS_a 取 0.08。

3 护面材料使用功能性用护面材料使用功能性指数（PUI）评价，PUI 按式（B.2.2-3）计算。

$$PUI=\sum_{i=1}^{i_0}\gamma_i PDI_i \tag{B.2.2-3}$$

式中：PDI_i——护面材料缺陷指数，按表 B.2.2-1 取值；

γ_i——护面材料第 i 类损坏的权重，按表 B.2.2-2 取值；

i——护面材料第 i 项损坏类型；

i_0——护面材料损坏类型总数。

表 B.2.2-1 护面材料缺陷指数(损坏面积比评分表)

损坏程度	无	轻	中	重
损坏面积比	0	0～5%	5%～15%	≥15%
分值	100	80	60	40

表 B.2.2-2 护面材料缺陷类型和权重

类型 (i)	损坏名称	损坏程度	计量单位 (m^2)	权重 (γ_i)
1	开裂	轻:裂缝宽度小于 0.5mm,一般为未贯通裂缝	长度(m)(影响宽度 1m)	0.60
		中:裂缝宽度在 0.5mm～1mm,或穿透饰面层表面但对底下各层饰面基本上没有影响的裂缝		
		重:裂缝宽度大于 1mm,或穿透整个饰面层的开裂		
2	空鼓	轻:轻微空鼓,损坏按渗漏面积计算	面积(m^2)	0.40
		中:明显空鼓,损坏按渗漏面积计算		
		重:严重空鼓,损坏按渗漏面积计算		

B.2.3 保温材料质量技术状况指数(IQI)应符合以下规定:

1 无机保温砂浆质量技术状况指数(IQI)按式(B.2.3-1)计算。

$$IQI=\begin{cases} a_1 TYB, 0 \leqslant TYB < TYB_a \\ 100, TYB \geqslant TYB_a \end{cases} \qquad (B.2.3\text{-}1)$$

式中:TYB——抗压强度值;

a_1——模型参数,取 83;

TYB_a——抗压强度规定值,取 1.2。

2 其他保温材料质量技术状况指数(IQI)按式(B.2.3-2)计算。

$$IQI=\begin{cases} a_2 TS, 0 \leqslant TS < TS_a \\ 100, TS \geqslant TS_a \end{cases} \qquad (B.2.3\text{-}2)$$

式中:TS——抗拉强度值(Tensile Strength)。

a_2——模型参数。对于EPS板和聚氨酯保温材料，a_2 取1000；对于XPS板，a_2 取500；对于岩棉板，a_2 取10000；对于岩棉带，a_2 取1250。

TS_a——抗拉强度规定值。对于EPS板和聚氨酯，TS_a 取0.10；对于XPS板，TS_a 取0.20；对于岩棉板，TS_a 取0.01；对于岩棉带，TS_a 取0.08。

表B.2.3 保温板材类、现场喷涂类质量技术状况评定

抗拉强度	$\geqslant TS_a$	$\geqslant 70\% TS_a$	$40\% TS_a \leqslant TS < 70\% TS_a$	$< 40\% TS_a$
分值（IQI）	100	80	60	40

B.2.4 粘结锚固材料质量技术状况指数（BQI）应符合以下规定：

1 对粘结为主的外保温系统，BQI 以粘结材料质量技术状况指数 AQI 代表，按式（B.2.4-1）计算。

$$AQI=\begin{cases}0, TBS=0\\ a_1 TBS+a_2, 0<TBS<TBS_a\\ 100, TBS\geqslant TBS_a\end{cases} \tag{B.2.4-1}$$

式中：TBS——拉伸粘结强度值（Tensile Bond Strength）。

a_1，a_2——模型参数。与模塑板粘结时，a_1 取300，a_2 取14。

TBS_a——拉伸粘结强度规定值，TBS_a 取0.3（《外墙外保温工程技术标准》JGJ 144）。

2 对锚固为主的外保温系统，BQI 以锚固材料质量技术状况指数 RQI 代表，按式（B.2.4-2）计算。

$$RQI=\omega_{\mathrm{RLI}} RLI+\omega_{\mathrm{RMI}} RMI \tag{B.2.4-2}$$

式中：RLI——锚栓抗拉承载力指数；

RMI——锚盘拉拔力指数；

ω_{RLI}——RLI 在 RQI 中的权重，取值为0.50；

ω_{RMI}——RMI 在 RQI 中的权重，取值为0.50。

锚固材料抗拉承载力指数 RLI、锚固材料锚盘拉拔力指数

RMI 按表 B. 2. 4 取值。MTS 为锚固材料抗拉承载力或锚盘拉拔力实测值，MS_a 为锚固材料抗拉承载力或锚盘拉拔力标准值，按《外墙保温用锚栓》JG/T 366 表 1 执行。

表 B. 2. 4 锚固材料承载力指数或锚盘拉拔力指数

粘结强度	$\geqslant MS_a$	$\geqslant 70\% MS_a$	$40\% MS_a \leqslant MTS < 70\% MS_a$	$< 40\% MS_a$
分值	100	80	60	40

3 对粘锚结合的外保温系统，粘锚材料质量技术状况指数 BQI 按式(B. 2. 4. 3)计算。

$$BQI = \omega_{AQI} AQI + \omega_{RQI} RQI \qquad (B.2.4\text{-}3)$$

式中：AQI——粘结材料质量技术状况指数，按式(B. 2. 4-1)计算；

RQI——锚固材料质量技术状况指数，按式(B. 2. 4-2)计算；

ω_{AQI}——AQI 在 BQI 中的权重，取值为 0. 50；

ω_{RQI}——RQI 在 BQI 中的权重，取值为 0. 50。

本标准用词说明

1　为便于在执行本标准条文时区别对待，对要求严格程度不同的用词说明如下：

1）表示很严格，非这样做不可的用词：
正面词采用“必须”；
反面词采用“严禁”。

2）表示严格，在正常情况下均应这样做的用词：
正面词采用“应”；
反面词采用“不应”或“不得”。

3）表示允许稍有选择，在条件许可时首先应这样做的用词：
正面词采用“宜”；
反面词采用“不宜”。

4）表示有选择，在一定条件下可以这样做的用词，采用“可”。

2　条文中指明应按其他有关标准执行的写法为：“应符合……的规定或要求”或“应按……执行”。

引用标准名录

1 《红外热像法检测建设工程现场通用技术要求》GB/T 29183
2 《混凝土材料放射性核素限定》GB 6566
3 《绝热材料稳态热阻及有关特性的测定　防护热板法》GB/T 10294
4 《绝热材料稳态热阻及有关特性的测定　热流计法》GB/T 10295
5 《模塑聚苯板薄抹灰外墙外保温系统材料》GB/T 29906
6 《蒸压加气混凝土性能试验方法》GB/T 11969
7 《水泥基灌浆材料应用技术规范》GB/T 50448
8 《建筑保温砂浆》GB/T 20473
9 《建筑材料及制品燃烧性能分级》GB 8624
10 《色漆和清漆　人工气候老化和人工辐射暴露(滤过的氙弧辐射)》GB/T 1865
11 《胶粘剂粘度的测定》GB/T 2794
12 《增强材料　机织物试验方法》GB/T 7689.5
13 《合成树脂乳液外墙涂料》GB/T 9755
14 《模塑聚苯板薄抹灰外墙外保温系统材料》GB/T 29906
15 《建筑工程施工质量验收统一标准》GB 50300
16 《建筑节能工程施工质量验收规范》GB 50411
17 《建筑装饰装修工程质量验收规范》GB 50210
18 《水泥胶砂流动度测定方法》GB/T 2419
19 《漆膜厚度测定法》GB 1764
20 《普通混凝土拌合物性能试验方法标准》GB/T 50080

21 《挤塑聚苯板(XPS)薄抹灰外墙外保温系统材料》GB/T 30595
22 《硫化橡胶或热塑性橡胶 拉伸应力应变性能的测定》GB/T 528－2009
23 《轻集料及其试验方法》GB/T 17431.2
24 《外墙保温用锚栓》JG/T 366
25 《建筑施工安全检查标准》JGJ 59
26 《建筑工程面砖粘结强度检验标准》JGJ 110
27 《混凝土用机械锚栓》JG/T 160
28 《外墙外保温工程技术标准》JGJ 144
29 《居住建筑节能检测标准》JGJ/T 132
30 《建筑外墙外保温系统修缮标准》JGJ 376
31 《镀锌电焊网》QB/T 3897
32 《混凝土界面处理剂》JC/T 907
33 《外墙保温用锚栓》JG/T 366
34 《建筑外墙用腻子》JG/T 157
35 《耐碱玻璃纤维网格布》JC/T 841
36 《陶瓷墙地砖胶粘剂》JC/T 547
37 《预拌砂浆应用技术标准》DG/TJ 08－502
38 《岩棉板(带)薄抹灰外墙外保温系统应用技术标准》DG/TJ 08－2126
39 《建筑围护结构节能现场检测技术标准》DG/TJ 08－2038
40 《民用建筑外保温材料防火技术标准》DGJ 08－2164

上海市工程建设规范

外墙外保温系统修复技术标准

DG/TJ 08－2310－2019
J 15009－2020

条 文 说 明

2020 上海

目　次

Contents

1 总　则

1.0.1　为了治理既有建筑外墙外保温工程空鼓、开裂、渗漏和脱落等质量缺陷，以及提升既有建筑外墙外保温工程节能性能及其外立面的装饰效果，规范既有建筑外墙外保温改造工程的检测、评估、修复、维保等行为，为既有建筑外墙外保温修复工程提供技术支撑而制定本标准。

1.0.2　本标准适用于既有建筑外墙外保温修复工程的检测评估、局部缺陷修复、整体安全防护以及饰面修复。

1.0.3　本标准对既有建筑外墙外保温工程的修复设计、施工、验收及维保作出了规定，但各类外墙外保温系统均有相应的标准，因此，既有建筑外墙外保温系统修复除应符合本标准规定外，尚应符合国家、行业和本市现行有关标准的规定。

2 术 语

2.0.1 建筑外墙外保温系统修复前应经过检测与评估，可分为整体修复和局部修复。整体修复是指对建筑整个立面采取一定措施，治理其质量缺陷，恢复其原有功能的活动，本标准整体修复包括整体置换修复、整体表层置换修复、整体薄层原位修复和整体厚层原位修复。局部修复是指对建筑整个立面局部区域的外保温系统采取一定措施，恢复其原有功能的活动包括局部表层置换修复、局部置换修复和局部薄层原位修复。

2.0.2 本标准整个立面是指建筑单侧立面。

2.0.8～2.0.12 毡胶复合层、透明网胶复合层、透明胶复合层、薄层原位修复专用锚栓、钻孔注浆、钉锚注浆、钉锚植筋都是薄层原位修复用到的材料及工法。其中，抗裂毡是一种具有抗裂作用的毡网，毡胶是由特殊改性有机材料制成的膏状复合材料，二者都是毡胶复合层的组成材料。透明网胶复合层主要由透明界面剂、透明耐候胶、柔韧抗裂网和透明罩面胶组成，透明胶复合层是由透明界面剂、透明耐候胶和透明罩面胶组成。本标准主要对复合层提出要求，对其组成材料未提出性能要求。

薄层原位修复专用锚栓主要是指由不锈钢材质制成的具有特殊构造的锚栓，有空心、实心锚栓两种，空心锚栓在注浆时使用，实心锚栓在植筋时使用，二者的锚盘一般在现场检测时放置。

3 基本规定

3.0.1 建筑外墙外保温系统的缺陷类型多样，引起缺陷的原因也不尽相同，只有找准原因，才能对症下药。因此，在建筑外墙外保温系统修复前，需先进行评估，通过初步调查，以及用红外热像法、敲击法、系统拉伸粘结强度等现场检测，评估外墙外保温系统的缺陷部位、缺陷类型、缺陷程度以及成因等，并根据评估结果，制定具有针对性的修复设计方案。

3.0.2 根据评估结果确定修复要求，当修复面积合计达到 $50m^2$ 及以上时，应制定修复设计方案、专项施工方案；而当修复面积合计为 $50m^2$ 以下时，应在评估报告中明确修复技术和施工要点。

3.0.3 现有火灾事故的发生大多是在施工阶段，修复时既有建筑内有人居住，为预防发生火灾事故造成人员伤亡，根据现行上海市工程建设规范《民用建筑外保温材料防火技术标准》DGJ 08—2164 的规定，既有建筑保温系统修复置换用保温材料燃烧等级应为 A 级。

3.0.4 建筑外墙外保温系统修复工程施工过程中引起的安全、火灾事故屡见不鲜，对修复工程的安全和消防措施应格外重视。

3.0.6 外保温系统的修复，应以“安全第一”为原则。整体置换修复后，外墙外保温系统的节能性能原则上应不低于原设计标准的要求，鼓励外墙传热系数满足国家现行标准。

4 检测与评估

4.1 一般规定

4.1.1 建筑物往往由于建筑设计及朝向等原因，南、北立面分隔大，应力释放比较明显；东、西立面面积较大，分隔不明显。通过实际的大量工程案例发现，东、西立面存在大面积空鼓现象。

4.1.2 现场检查与现场检测方法宜按国家现行标准中的相关规定执行。当国家标准中无相关规定时，可以选择地方标准推荐的相关试验方法。

4.2 资料收集

4.2.1 本条规定了应收集的资料，主要包括项目原有的相关记录和文件。外墙外保温系统检测前的资料收集工作很重要，了解检测对象状况和收集相关资料不仅有利于制定检测方案，而且有助于确定检测内容的重点。当缺乏有关资料时，应向相关人员及单位进行调查。

4.3 现场检查与检测

4.3.1 本条规定了现场检查与现场检测技术方案的内容。

4.3.2 本条规定了现场检查的内容，应对外墙面的外观质量、裂缝、空鼓、渗水、脱落等质量缺陷及系统构造等进行检查。由于无人机搭载高清摄像仪或红外热成像仪的大面积快速扫描的优势，鼓励使用该方法检测热工缺陷，并应按要求报备。

4.3.3 本条规定了现场检测的方法：

3 外保温系统各层粘结强度检测，断缝应切割至各层表面。

5 本标准附录 A 规定了无机保温砂浆的抗压强度检测方法。但保温材料的其他性能检测目前并无现场检测方法可遵循，可参考原系统保温材料标准规定的方法进行。

7 外墙面砖的粘结强度检测，可参照行业标准《建筑工程面砖粘结强度检验标准》JGJ/T 110－2017 规定的方法进行，断缝应切割至抹面砂浆层表面，不得破坏增强网，切割尺寸为40mm×40mm。

8 本条规定了接触式检测或有损检测的检测数量。

4.3.4 必要时，建筑外墙传热系数应按现行行业标准《居住建筑节能检测标准》JGJ/T 132 的有关规定执行。

4.4 评　估

4.4.1～4.4.3 现场检查与现场检测的目的，是利用现场检查与检测的结构评估外墙外保温系统缺陷产生的原因、缺陷面积及程度等，确定对外保温系统进行整体还是局部修复，为后续制定合理有效的修复方案提供依据。最终的评估报告内容应完整，包括外墙外保温系统的基本情况、现场检查与检测的结果、缺陷类型分析、修复处理意见等。

对外墙外保温工程鉴定评估报告，如遇到外墙外保温系统材料脱落、大面积空鼓等质量缺陷进行鉴定评估时，鉴定评估内容应由委托鉴定评估方组织建筑节能保温防护与修复行业相关专家进行评审并出具意见，该意见应附在鉴定评估报告中。

4.4.5 外墙外保温系统各立面质量技术状况是评分项指标。当保温砂浆类外墙外保温系统空鼓面积比不大于 15%且单项材料质量技术状况评级为 A、B、C 级时，可对外墙外保温系统各立面进行整体评分。外墙外保温系统立面为 C 级，宜采用整体原位修复，也可采用局部修复；B级宜采用局部修复；A级可对建筑外墙外保温系统不作处理。

4.4.6～4.4.7 外墙外保温系统的评估结论应明确外墙外保温系统的修复范围。外墙外保温系统质量技术状况评估包括控制项和评分项。不满足控制项要求时即应进行整体修复。此两条条为控制项要求，下面对其进行解释：

1 当外墙外保温系统立面评级为D级或保温砂浆类外墙外保温系统空鼓面积比大于15%时，应采取整体修复。

2 当保温材料质量技术状况评定为D级时，说明保温材料质量差，应采取外保温系统整体置换修复；当饰面、护面材料质量技术状况评定为D级时，说明饰面和护面层质量差，应采取整体表层置换修复或整体厚层原位修复；当粘结锚固质量技术状况评定为D级时，可采取锚固、注浆等加固措施等措施提高其粘结力。

5 材料与系统要求

5.1 置换修复用材料与系统

5.1.1 既有建筑墙体保温系统置换修复是指依据外保温系统检查、评估结果，将单元墙体的外保温系统或防护层全部清除、整体置换的活动。置换修复用材料与新建建筑略有区别，主要体现在界面处理和保温系统材料选用上。

由于墙体保温系统置换修复时表面的浮灰、基层平整度等施工条件较新建工程差，界面处理要求相比新建工程高。修复用界面处理剂包括干粉类和液体类，应满足本标准要求（较原标准的性能要求略有提升），试验方法参考现行行业标准《混凝土界面处理剂》JC/T 907。

5.1.2 A级保温板可采用硅墨烯保温板、热养憎水凝胶玻珠保温板，也可采用岩棉板、岩棉带组合板、泡沫玻璃等符合国家和本市相关标准的保温板材。

硅墨烯保温板是以石墨聚苯乙烯颗粒为骨料，通过无机浆料的混合、裹壳、微孔发泡、加压成型，并经热养护工艺制成的具有不燃特性的保温板。它既有模塑聚苯板低吸水率、导热系数低、强度高、韧性高和尺寸稳定的特点，又具有无机板材的不燃烧的特性。硅墨烯保温板已获得上海市新型建设工程材料认定证书（证书编号 RD1－2018－002），并在住宅项目得到应用，至今，系统无任何空鼓、开裂、渗水等质量问题。具体参数见表1。

热养憎水凝胶玻珠保温板以水泥为胶凝材料、憎水玻化微珠为无机轻集料，并掺入适量高分子聚合物硅凝胶乳液和增强纤维等功能性添加剂，按比例混合搅拌，经布料、加压成型，并经热养护工艺制成的轻质无机保温板，具有导热系数和吸水率低、强度高、尺寸稳定和不燃烧的特性。自2015年起在上海多个项目上应用，至今，系统无任何空鼓、开裂、渗水等质量问题。具体参数见表2。

表1 硅墨烯保温板的性能指标

项目		指标	试验方法
干密度(kg/m^3)		130～170	GB/T 5486
导热系数(平均温度25℃)[W/(m·K)]		≤0.049	GB/T 10294;GB/T 10295
抗压强度(MPa)		≥0.30	GB/T 5486
垂直于板面方向的抗拉强度(MPa)		≥0.25	GB/T 29906
体积吸水率(%)		≤6	GB/T 5486
干燥收缩率(%)		≤0.3	GB/T 11969
软化系数		≥0.8	GB/T 20473
弯曲变形(mm)		≥6	GB/T 29906
燃烧性能级别		A(A2)	GB 8624
放射性核素限量	内照射指数，I_{Ra}	≤1.0	GB 6566
	外照射指数，I_r	≤1.0	

表2 热养憎水凝胶玻珠保温板的性能指标

项目	指标		试验方法
	Ⅰ型	Ⅱ型	
干密度(kg/m^3)	≤200	≤230	GB/T 5486
导热系数(平均温度25℃)[W/(m·K)]	≤0.055	≤0.060	GB/T 10294;GB/T 10295
抗压强度(MPa)	≥0.25	≥0.30	GB/T 5486
垂直于板面方向的抗拉强度(MPa)	≥0.10	≥0.10	GB/T 29906
体积吸水率(%)	≤8.0		GB/T 5486

续表 2

项目		指标		试验方法
		Ⅰ型	Ⅱ型	
干燥收缩率(%)		≤0.8		GB/T 11969
软化系数		≥0.70		GB/T 20473
抗冻性	质量损失率(%)	≤5		
	抗压强度损失率(%)	≤2.5		
燃烧性能级别		A(A1)		GB 8624
放射性核素限量	内照射指数,I_{Ra}	≤1.0		GB 6566
	外照射指数,I_{r}	≤1.0		

5.2 薄层原位修复用材料与系统

5.2.1 墙体保温系统修复的整体薄层原位修复是指不铲除或极少量铲除原系统,对损坏的部位采取加钉锚固、注浆措施,整体加网覆盖饰面翻新施工,恢复原保温系统功能的活动。

5.2.2 薄层原位修复用复合层主要有毡胶复合层、透明网胶复合层和透明胶复合层三种类型,毡胶复合层是由抗裂毡、毡胶经施工复合而成的防水、抗裂系统,用于涂料饰面的外保温系统修复。透明网胶复合层由透明界面剂、柔韧抗裂网、透明网胶经施工复合而成的防水、抗裂系统,用于瓷砖饰面的外保温系统修复;当瓷砖表面凹凸不平、透明网胶复合层中的柔韧抗裂网无法铺平影响性能时,可采用透明胶复合层。透明胶复合层是由透明界面剂和透明胶经施工复合而成的防水、抗裂系统,其性能优于透明网胶复合层,用于局部修复。

5.2.3 薄层原位修复专用锚栓主要包括空心锚栓、实心锚栓,空心锚栓在注浆前后的性能应符合本标准的规定。空心砌块、空心砖类型墙体需经现场拉拔试验后根据设计要求选用。

5.3 厚层原位修复用材料与系统

5.3.1 墙体保温系统修复的整体厚层原位修复是指不铲除或极少量铲除原系统，在原有墙面上将隔热膨胀螺栓与复合热镀锌钢丝网通过紧固组合成支撑受力构件，并用普通抗裂干混砂浆覆盖，恢复原保温系统功能的活动。耐火极限可达 1h，可提高原 EPS 板材等保温工程防火性能。

5.3.2 隔热膨胀螺栓是一种带有隔热及稳定装置的膨胀螺栓，植入紧固前后螺栓长度不变，锚固力大，而普通锚栓锚固力小，不能在厚层原位修复中使用。

5.3.3 为保证修复锚栓密闭性，应对隔热膨胀锚栓进行封堵，封堵时应采用具有高粘结能力的粘结砂浆。

5.3.4 覆盖钢丝网的砂浆应采用普通抗裂抹灰砂浆，可采用机喷施工或人工涂抹施工工艺，在施工前应做界面处理。

6 设　计

6.1 一般规定

6.1.1 外墙外保温修复工程应根据检测评估报告明确修复范围和方法，分析施工环境、区域气候条件等因素，进行材料损坏分析、修复工艺试验及模拟验证，为修复设计、材料选型和修复施工方案提供支撑。

6.1.2 建筑墙体节能领域面临保温系统脱落、空鼓和消防等安全风险，临近设计使用年限，保温系统有耐久性失效隐患，更新存在施工难、污染大和扰民等问题，安全、快速、环保、不扰民的更新技术体系应运而生。

原位修复即是不铲除（极少量铲除空鼓严重部位）原系统，在表面采取加固、覆盖措施的技术。薄层原位修复以有机材料为基材进行改性，复合抗裂毡及特殊植筋、注浆、锚固的多种工法，组合成具备耐老化、高抗弯能力的修复复合材料；厚层原位修复则以高抗裂的刚性材料为基础，辅以隔热膨胀锚栓组成的支撑受力构件，组合成具备高抗裂和防水能力的修复复合材料。

二者都可用于整体修复，根据缺陷程度和面积的不同有其适用范围，可满足快速、免拆除、风貌保留等不同更新修复需求。其中，薄层原位修复可以用于整体修复和局部修复，厚层原位修复建议用于整体修复。

整体修复的方案可根据本标准表 6.1.2 进行选择：整体薄层原位修复除适用于外保温系统质量状况“保温材料和保温系统 C 级、饰面和防护材料 C 级”的情况，当保温砂浆类空鼓面积大于 15%时，根据工程质量状况，也可采取整体薄层原位修复。当外保温系统质量状况处于表 6.1.2 的基本规定以上评级(不含 A 级)时,当然也可用整体修复。

6.1.3 为保证外墙外保温系统的修复安全性,修复不宜采用面砖饰面。

6.1.4 节点部位外墙外保温系统的修复十分重要,如果技术方案不合理,在温差应力作用下,该部位与主体部位交接处易产生裂缝、渗水等缺陷。因此,在编制施工方案时,若涉及这些部位的修复,应进行节点设计;如有必要,可配节点详图加以明确。

6.1.5 对需要铲除清理的外墙外保温系统修复工程,清理后表面应进行界面处理。通过大量的工程案例发现,许多工程之所以出现问题,界面处理不到位或根本没做界面处理是其中重要原因。本条规定,清理后表面应进行界面处理,并适当提高界面剂性能。

6.2 整体置换修复和整体表层置换修复

6.2.1 外墙外保温系统整体置换修复类似于新建建筑的围护节能系统,应进行墙体材料热工计算,其构造设计应符合相应外保温系统现行相关标准的要求。

6.2.2 本条是对整体置换修复的基层墙体的要求,施工下一道工序前应确保满足本条要求。

6.2.3 本条是对整体表层置换修复的原保温层的要求,施工下一道工序前应确保满足本条要求。

6.2.4 置换修复的新旧墙面交接处应做好玻纤网搭接,本条对玻纤网搭接宽度、锚栓位置及数量、锚栓植入方式等作了设计要求。

6.3 整体薄层原位修复

6.3.1 整体薄层原位修复包括非透明原位修复系统和透明原位

修复系统，前者适用于涂料饰面，后者适用于面砖饰面，具备风貌保留的优势。

6.3.2 本条提出了非透明原位修复系统、透明原位修复系统的构造要求。

6.3.3 整体薄层原位修复技术的主要特点是不需要铲除原系统，但对于极少数空鼓程度严重的缺陷部位，应铲除外保温系统至基层，并延空鼓开裂部位至少扩大100mm铲除防护层，再依次恢复外保温系统。

6.3.4 整体薄层原位系统的施工工法简介详见条文说明5.2.1。当既有建筑外墙外保温工程改造采用锚栓加固法时，锚固件应安全、可靠，锚固力设计值应满足外墙外保温系统抗风压、承载外保温系统荷载等要求。

6.3.7 外墙外保温系统的空鼓根据其空鼓部位主要可分为饰面层与保温层间空鼓、保温层本身强度不够引起空鼓、基层与保温层间空鼓等形式。修复前，应根据评估结果确定空鼓位置、空鼓形式、空鼓成因，采取不同的修复方法。

外墙外保温系统渗水一般由裂缝引起。渗水缺陷修复的关键在于找出渗水点及渗水原因，由于渗入的水分在外保温系统中会扩散，因此修复时要对渗水点进行一定范围的扩展。对于渗漏部位，需在外墙外侧加强防水处理。

整体薄层原位修复前应对缺陷进行处理，修复方法应符合现行行业标准《建筑外墙外保温系统修缮标准》JGJ 376的要求，本标准不作赘述。

6.4 整体厚层原位修复

6.4.1～6.4.10 整体厚层原位修复是指不铲除或极少量铲除原系统，将隔热膨胀螺栓与复合热镀锌钢丝网通过紧固组合成整体支撑受力构件，用普通抗裂干混砂浆覆盖，抹灰层厚度为15mm～

20mm 并恢复原保温系统功能的活动，一般用于整体修复。

在施工普通抹面砂浆前，应对原外墙表面进行界面处理。由于隔热膨胀螺栓直径不小于 12mm，因此不得用于大孔空心砌块的基层墙体，同时对螺栓、钢丝网和防护层的设置要求进行了规定。螺栓植入的基墙孔内应注入封堵用粘结砂浆。

在整体厚层原位修复施工前宜增加结构计算。

定型转角网的一边宽度宜至门窗的边缘。

6.5 局部置换修复和局部表层置换修复

6.5.1 建筑整个立面局部区域的外墙外保温系统经评估为 B 级或 C 级，或保温砂浆外保温系统空鼓面积小于 15%时，可采用局部置换修复或局部表层置换修复。当然，也可采用整体薄层原位修复技术。

6.5.3 在局部铲除前，宜采用气力射钉枪加固四周，以防止对周边区域造成扰动导致二次空鼓。

6.6 局部薄层原位修复

6.6.1 本条规定了局部薄层原位修复的适用条件。建筑整个立面局部区域的外墙外保温系统经评估为 B 级或 C 级或保温砂浆外保温系统空鼓面积小于 15%时，意味着建筑整个立面局部区域的外墙外保温系统一般空鼓或暂未空鼓但经检测评估系统拉伸粘结强度不能满足设计要求。此时，可采用局部薄层原位修复，当然也可采用整体薄层原位修复技术。

6.6.2 局部薄层原位修复的设计与整体薄层原位修复基本类似。

7 施 工

7.1 一般规定

7.1.1 修复施工方案中施工前准备应包括施工机具、材料等;施工工艺及技术措施应包括基层处理、工艺流程和相应技术措施等。

7.1.2 样板测试合格后,方可施工。

7.1.3 施工环境温度对既有建筑外墙外保温工程改造质量至关重要。在高湿度和低温天气,材料干燥过程可能需要较长时间,新抹涂层表面看似干燥,但往往仍需要采取保护措施使其充分养护,特别是在冻融循环、雨、雪、大风或其他不利天气条件下。

在温度为5℃以下时,可能由于减缓或停止聚合物成膜而妨碍涂层的适当养护,短期内往往不易被发现,但长久以后就会出现涂层开裂、破碎或分离。

像过分寒冷一样,突然降温可影响涂层的养护,其影响很快就会表现出来,突然降雨可将未经养护的新材料直接从墙上冲掉。在情况允许时,可采取遮阳、防雨和防风措施。例如,搭帐篷和用防雨帆布遮挡。为保持适当的养护温度,可能需要采取辅助采暖措施。

7.1.5 既有建筑外墙外保温工程改造除了防火安全外,现场的施工作业方式不当、改造用的吊篮或脚手架不合格等都有可能对施工人员和居民造成伤害。本条对于确保施工安全,具有极为重要的意义。

考虑到居民或行人安全,既有建筑外墙外保温改造工程实施拆除作业或建材、设备、工具的传运和堆放作业时,应使用机械吊运或人工传运方式,严禁高空抛掷和重摔重放。此外,实施拆除作业时，容易产生剔凿物及粉尘，为安全起见，应采取必要的防护措施。

既有建筑外墙外保温改造工程中使用的吊篮和脚手架应经安全检验合格后，方可使用。

基于安全方面的考虑，既有建筑外墙外保温工程改造施工前，应对改造区域内空调机架、晾衣架、雨篷等外墙悬挂物进行安全质量检查，根据检查结果，当悬挂物强度不足或与墙体连接不牢固时，应采取加固措施或拆除、更换，以消除安全隐患。

7.1.6 施工防火关系整个建筑外墙外保温系统修复工程的安全，是施工过程中最重要的内容。制定施工防火专项方案，建立施工防火管理制度，明确现场施工防火要求，是确保外墙外保温系统修复工作顺利进行的前提条件。本条还对建筑外墙外保温系统修复的消防安全作了规定。

施工现场应严格按现行国家标准《建设工程施工现场消防安全技术规范》GB 50720 的规定进行施工消防工作，定期检查灭火设备和易燃物品的堆放处，消除火警隐患。

在进行焊割作业中应严格执行“十不烧”规定。

7.2 整体置换修复和整体表层置换修复

7.2.1～7.2.2 此两条介绍了外墙外保温系统整体置换修复、整体表层置换修复的施工流程。

7.2.3～7.2.4 对外墙外保温系统及防护层的整体置换修复施工的技术要点进行了规定。宜选用气力射钉枪将锚栓打入基层墙体。气力射钉枪冲击力强，锚栓与基底贴合力好，较普通冲击钻减少了对原保温系统的潜在破坏作用。

建筑外墙外保温系统整体修复与新建建筑外墙外保温系统最大的区别在于，基层处理以及相邻墙面玻纤网的搭接，其余可参考新建建筑外墙外保温系统的相关标准施工。

7.3 整体薄层原位修复

7.3.1 本条规定了整体薄层原位修复施工流程。

7.3.2 极少量局部空鼓严重区域，铲除前应用薄层原位修复专用锚栓加固四周，以防止对周边区域造成扰动。本条对锚栓距空鼓区域边缘距离及四周锚栓间距作出了规定。

7.3.3～7.3.4 此两条对非透明、透明薄层原位修复系统的施工作了规定。采用专用无尘无振动设备进行开孔，具有环保、无扰的优点。注浆孔和锚栓钉帽表面应做好防水处理，防止雨水从薄弱点进入，从而影响系统耐久性。

7.3.5～7.3.6 本标准裂缝、空鼓、渗水的修复施工方法可参考现行行业标准《建筑外墙外保温系统修缮标准》JGJ 376 的要求。

7.4 整体厚层原位修复

7.4.1 本条规定了整体厚层原位修复的施工流程。

7.4.2 整体厚层原位修复施工包括挂线、布点、钻孔、植栓、铺挂网片及防护层覆盖等工艺，本条作了具体规定。

7.5 局部置换修复和局部表层置换修复

7.5.1～7.5.4 局部修复施工应重点关注局部切割时边缘固定间距、铲除区域与周边交接处的处理、基层墙体和保温层的处理等技术要点，本标准分别作出了规定。

7.6 局部薄层原位修复

7.6.1 局部薄层原位修复与局部置换修复和局部表层置换修复

的不同点在于:非透明原位修复系统在重设保温系统后无需腻子层、饰面层施工,即可对损坏的部位采取植筋、锚固、注浆、局部加网(毡)覆盖恢复饰面层的措施。具体施工要求参照整体薄层原位修复。

8 验 收

8.1 一般规定

8.1.3 修复面积合计达到 $1000m^2$ 及以上时，应进行外保温系统或原位修复系统粘结性能检测，且检测数量不应小于 3 处；如果系统经锚栓加固，应进行外保温系统锚栓的拉拔性能检测。

8.2 主控项目

8.2.1～8.2.3 对建筑外墙外保温系统修复施工的主控项目进行了具体规定。主要包括外保温系统主要修复材料性能应符合本标准要求，通过检查型式检验报告和进场复验报告来确定。主要修复材料现场抽样复验的项目、抽样数量应符合现行国家标准《建筑节能工程施工质量验收规范》GB 50411 对于检查数量的规定。

8.2.4～8.2.6 整体置换修复的保温层厚度、玻纤网、保温材料与基层的连接方式、拉伸粘结强度应符合设计要求，本标准对检查方法及数量进行了规定。

8.2.7 所有修复工程的锚固件数量、位置、锚固深度、胶结材料性能和锚固拉拔力等都应符合设计要求。

8.2.8 薄层原位修复系统的复合层拉伸粘结强度应符合设计要求，本条对其现场检测方法作出规定。非透明(涂料饰面)原位修复系统的复合层与原饰面层界面破坏时，拉伸粘结强度的平均值不应小于 0.4MPa，或破坏界面在原保温系统内，其中破坏界面在原保温系统内是指破坏面在原涂料层、腻子层、砂浆层或保温层内任意一种。

8.2.9 竣工验收时应对修复部位应采用红外热像法进行热工缺陷检测，局部修复的修复部位及整体修复后外墙外保温系统不应存在热工缺陷。值得注意的是，薄层原位修复由于是锚固为主、注浆为辅的技术，因此修复后外墙可能存在空鼓。但由于墙体表面已经过毡胶或网胶复合层的包裹及专用锚栓的加固，故薄层原位修复后仍存在的少量空鼓可认为不影响外保温系统的质量。

8.3 一般项目

8.3.1～8.3.5 一般项目的验收主要对保温系统的保温层垂直度、尺寸允许偏差、抹面层和饰面层施工质量、系统抗冲击性、原位修复材料施工质量、墙体缺陷断热桥处理、特殊节点抗开裂处理等作出了规定。

附录 A 筒压法测定无机保温砂浆抗压强度

A.1 一般规定

A.1.1 筒压法参考现行国家标准《轻集料及其试验方法》GB/T 17431.2 中测试轻集料强度以及《砌体工程现场检测技术标准》GB/T 50315 中测试砌筑砂浆强度的试验方法，经过细致研究，用于推定现场无机保温砂浆的强度。

A.1.2 检测时从外墙外保温系统中抽取无机保温砂浆试样，在试验室内进行筒压荷载测试得到筒压比，并采用本标准拟合公式换算为无机保温砂浆的抗压强度。

A.2 测试设备

A.2.1 本条对筒压法的测试设备及具体型号、尺寸等进行说明。

A.3 测试步骤

A.3.1 本条对无机保温砂浆的现场取样数量进行规定，尽量取整块样品。

A.3.2 用手锤初步击碎无机保温砂浆样品并用颚式破碎机进一步破碎。无机保温砂浆一定要烘干后进行测试。

A.3.3 应制备 3 个试样。由于干密度导致的重量差异，可采取刮平或补平的方式保证试样与试样筒齐平。

A.3.6 施加荷载过程中，为避免数据误差，出现冲压模倾斜状况时，应立即停止测试。

A.4 数据分析

A.4.1～A.4.3 对无机保温砂浆试样的筒压比及筒压比-抗压强度的拟合公式作出了规定。根据拟合公式，当测得无机保温砂浆的筒压比为0.2时，抗压强度约为0.26MPa；筒压比为0.5时，抗压强度为0.63MPa。

附录B　建筑外墙外保温系统质量技术状况评估

B.1　评估要求

B.1.1　建筑外墙外保温系统质量技术状况的评估单元为外墙外保温系统各立面。评估分为外保温系统、单项材料的质量技术状况评估。外保温系统对各层材料进行评估，包括饰面材料、护面材料、保温材料和粘结锚固材料四部分单项材料。

B.1.2　建筑外墙外保温系统质量技术状况的评估指标分为控制项和评分项，评估指标中安全性指标占80％以上。

控制项是指控制外保温系统的基本指标。满足控制项要求时，根据外墙外保温系统立面评级情况分别采取相应修复措施；当不满足控制项要求时，外墙外保温系统应进行整体修复，并应结合外墙外保温系统立面及单项材料的评级情况采取相应整体修复设计方案。

B.2　评估方法

B.2.1　涂料饰面材料的评价指标是缺陷情况，涂料缺陷类型主要涵盖粉化、开裂、剥落、起泡、渗漏、泛碱、沾污及发霉，缺陷损坏程度以损坏面积比来衡量。其中，开裂的面积计算采用影响宽度及实测长度来计算。面砖饰面的评价指标考虑安全性和使用功能性。